Widmung und Dank

Margit danke ich für all die Katzen, deren Leben wir geteilt haben – von Gustlberger und Gandlmayr, über Lucy und Lissy, Lola und Lilly bis zu Neve; Rita, dass sie als Hundefrau unsere Katzen Lilly, Luna und Moritz angenommen hat, und allen Menschen, die sich auf ihre Tiere einlassen wie diese sich auf sie. Irmgard Baumgartner danke ich für dieses wichtige Buch, das so viel ändern könnte Richtung Bewusstheit.

Ruediger Dahlke

Meiner Freundin Barbara Bast ist das Buch in Dankbarkeit gewidmet.

Ich habe Ruediger Dahlke während unserer gesamten Zusammenarbeit als einen außerordentlich ehrlichen, fairen und freundlichen Menschen erlebt. Dafür möchte ich ihm an dieser Stelle ganz herzlich danken. Den Anstoß zu unserer Zusammenarbeit verdanke ich Marietta Anton. Sie hat mich dazu ermutigt, mein Manuskript an Herrn Dahlke zu schicken.

Auch allen Tierhaltern, die mir ihr Herz geöffnet haben, danke ich ganz herzlich für ihr Vertrauen.

Ganz besonders danke ich Theophan Beierle, dass er mir den Weg gewiesen hat. Aufrichtigen Dank sage ich meiner vertrauten Freundin Wilma Manhart, die mir während der Entstehung des Buches zu allen Tages- und Nachtzeiten eine ausgezeichnete Ratgeberin und eine geduldige Zuhörerin war. Meinen langjährigen Freundinnen Christina von Zallinger, Caroline del Valle und Sabine Kellner danke ich für ihre Treue und unermüdliche Hilfsbereitschaft. Sylvie Ritzer sage ich danke für ihre große Wertschätzung meiner Arbeit als Homöopathin. Axel Stoltenhoff danke ich für seinen steten Glauben an meinen unkonventionellen Weg und für seine Mithilfe beim Korrekturlesen. Auch meinen Freunden Brigitte und Günther Hansbauer sowie Inge und Wolfgang Kindler danke ich von ganzem Herzen für ihren steten Zuspruch und ihre unermüdliche Bereitschaft, mich zu unterstützen. Ganz besonders danke ich Michael Eisenmann, der mir bei meiner persönlichen Entwicklung ein ganz besonders kostbarer Wegbegleiter und Ratgeber war.

Nicht zuletzt ist es mir ein sehr großes Anliegen, den Mitarbeiterinnen des Goldmann Verlags, Caroline Colsman und Christine Stecher, zu danken. Das freundliche und aufgeschlossene Wesen von Frau Colsman hat unsere Zusammenarbeit zu einer schönen menschlichen Begegnung werden lassen, und Frau Stecher hat durch ihre hervorragende Arbeit im Lektorat unser Werk zur Vollendung gebracht.

Allen anderen Freunden, die hier unerwähnt geblieben sind, danke ich von ganzem Herzen für ihren festen Glauben an mich und meine Arbeit.

Schließlich sei an dieser Stelle allen Nutztieren gedacht, die aufgrund unserer Unbewusstheit so viel Leid ertragen müssen.

Irmgard Baumgartner

Inhalt

Anhang

Teil 1

Ruediger Dahlke
Die Tiere an unserer Seite

Meine Erfahrungen mit Zwei- und Vierbeinern

Zu meiner Kindheit gehörten von Anfang an Tiere. Der erste Zoobesuch brachte mich näher an eine Depression heran als alles andere, was ich später mitansehen musste. Die Gefangenschaft der Tiere machte mich traurig. Ich nahm ihre Resignation wahr, und das war schrecklich. Vor allem schockierte mich, dass die Verantwortung für dieses Elend eindeutig bei uns Menschen lag. Ich wollte nicht in Käfige schauen. Als ich später das erste Mal durch eine dicke Glasscheibe einem Gorilla in die Augen sah, erlebte ich, wie er mich ähnlich fassungslos anblickte wie ich ihn. Ich kann es bis heute nicht verstehen, warum Menschen Tiere zur bloßen Betrachtung und damit zu Unterhaltungszwecken rücksichtslos in Käfige einsperren.

Trotz des Entsetzens zog es mich als Kind aber zu den Zootieren, und ich erinnere mich an den Elefanten Shanti und das Flusspferd Boulette, die mich faszinierten, vor allem wegen des Drecks, den sie machen durften, was bei uns zu Hause undenkbar war. »Hast du dir schon die Hände gewaschen?«, ist wahrscheinlich die Frage, die mir seit Kindertagen am meisten im Leben gestellt wurde, und komischerweise galten Tiere offenbar als besonders schmutzig und damit gefährlich. Der Kontakt mit ihnen führte jedenfalls immer zu jener Ermahnung, aber meist hatte ich gerade dann wenig Bedürfnis, mich zu waschen. Rückblickend bin ich mir sicher, dass ich mir an vielen Menschen die Hände ungleich schmutziger gemacht habe als an all den Tieren, die ich immer gernhatte und auch berühren wollte.

Tiere darf man einfach streicheln, doch bei Menschen ist so etwas schon hoch verdächtig. Ähnlich, wie beim Berühren von Skulpturen oder anderen Exponaten im Museum sofort Alarm ausgelöst wird, ist dies beim Mitmenschen inzwischen ebenso der Fall. Nur wenn jemand sehr krank ist, darf man ihm oder ihr manchmal über die Wange streichen oder die Hand halten. Obwohl wir auch dabei schon nicht mehr unbefangen sind, darf man außerdem sehr kleinen Kindern spontan über den Kopf streichen und sie damit fast wie Haustiere be*hand*eln. Vielleicht liegt es daran, dass wir erst mit drei bis vier Jahren jenes Ich-Bewusstsein entwickeln, das die typischen Haustiere jedenfalls nicht haben. Allerdings besitzen es viele andere Tiere, von denen wir es gar nicht glauben, zum Beispiel Schwertwale (Orcas), Delfine und sogar Elstern, die sich – wie wir – im Spiegel erkennen, wie natürlich auch Menschenaffen.

Kinder und Haustiere begegnen uns als Einzige mit jener vorbehaltlosen Offenheit, die weder durch Ich noch Ego verstellt ist; sie bauen noch keine künstlichen Grenzen auf, von deren Errichtung unser Ego lebt. Und so wie Kinder in der Medizin rascher mein Mitgefühl erregten als Erwachsene, gelang das Tieren noch schneller und nachhaltiger. Ich erleb(t)e sie als uns Menschen ausgeliefert; wir stehen insofern für sie in der Verantwortung.

Für mich als Berliner Großstadtkind gehörte die Tierwelt nicht zum Familienalltag, außer dass ich mir sehnlichst ein Pony wünschte – und einen Goldhamster bekam. Ich taufte ihn Mucki und befreite ihn bei jeder Gelegenheit aus seinem Käfig, den ich für ihn möglichst natürlich und artgerecht einzurichten versuchte. Dabei war der Käfig eigentlich nur sein Schlafplatz, denn tatsächlich lebte Mucki auf freiem Fuße mit mir im Zimmer. Ich brachte ihm viele kleine Dinge bei, die er aber nach einer gewissen Zeit schlagartig zu vergessen schien, und wir mussten wieder von vorn beginnen.

Als ich später in der Schule hörte, Goldhamster würden nicht sehr alt werden, protestierte ich heftig. Meine Mutter klärte mich auf. Sie hatte den Ur-Mucki nach dessen Tod zweimal ausgetauscht gegen ein äußerlich verblüffend ähnliches Tier, um mir Schmerz zu ersparen. Wie zartfühlend und wie schade zugleich! Das Sterben des betagten Haustieres wäre für ein Kind die natürlichste Annäherung an dieses so wichtige, in der Regel aber so verdrängte Thema. Die Idee, dass man den toten alten Hamster gegen ein junges Tier austauschen könnte, lag mir damals so fern, dass ich nur von einem unerklärlichen Leistungstief im Hinblick auf Muckis andressierte Fähigkeiten ausging. So weit her kann es mit meiner Einfühlung also nicht gewesen sein, obwohl ich als Kind überzeugt war, mich mit Mucki unterhalten und ihn überhaupt verstehen zu können.

Später bekam ich das Jugendbuch von H. W. Smolik, *Tierfreund in Not*, in die Hände, das meine Bibel wurde, und ich schmiedete Tierbefreiungsfantasien, die letztlich am Realitätssinn scheiterten. Ich machte mir klar, dass fast all diese Tiere erst recht keine Chance hätten, wenn sie in der Großstadt freigelassen würden.

Später provozierten mich immer wieder Tierquälereien – angefangen beim Elend der Esel auf Santorin bis zu den Erlebnissen beim Reiten als Student im texanischen College. Reiten war mir so lieb und wichtig, dass ich anfangs die Trense im Maul des Pferdes, die qualvoll sein kann, verdrängte. Als mein Bruder Jürgen Krackow viele Jahre später anfing, internationale Springturniere ohne Trense und nur mit einem Bosal (einem Zaumzeug ohne Gebissstück) zu reiten und sie manchmal sogar gewann, fand ich das wundervoll und war stolz auf diese Familie. Ich animierte ihn, ein Buch darüber zu schreiben, dem ich ein Vorwort widmete und für das ich einen Verlag fand.[1]

---

1 Jürgen Krackow, *Warum ich mein Pferd von der Trense befreite*. Stuttgart, 2014.

Den Bezug zu Tieren finde ich wichtig für jeden Menschen und besonders für jedes Kind – aber natürlich muss es ein gewaltfreies Miteinander sein. Hier stellt sich sogleich auch die Frage, wie wir es mit Tieren als Nahrung halten. Inwieweit meine schon in jungen Jahren vorhandene Aversion gegen Fleisch und Fisch mit meiner Tierliebe zu tun hatte, kann ich heute nicht sagen, jedenfalls mochte ich Freunde nicht essen. Meine Mutter aber bestand aus Sorge um drohenden Eiweißmangel zwar selten, aber konsequent darauf. Bückling (Berliner Räucherhering), die damals günstigste Eiweißquelle, kam dann öfter auf den Tisch und vertiefte meine Aversion. Als ich später eine kurze Zeit des sportlichen Erfolges wegen besonders viel Fleisch essen sollte, verdrängte ich wohl den Bezug zu den Tieren und stimmte widerwillig zu, weil ich Pokale gewinnen wollte. Als die Sportkarriere endete, hörte ich sofort wieder mit dem Fleischessen auf und ernährte mich, wenn auch nicht streng, so doch weitgehend vegetarisch.

Der Besuch im Großschlachthof im Rahmen meines Studiums wurde zur Horrorerfahrung, die mich im Bewusstsein bestärkte, dass wir Menschen den Tieren großes Unrecht antun. Ich wendete mich entschieden der vegetarischen Ernährung zu – auch unter dem Einfluss verschiedener indischer Gurus, an erster Stelle ist hier Maharishi zu nennen. All diese Weisheitslehrer verbanden spirituelle Fortschritte mit vegetarischer Ernährung.

Als ich später Seminare zur Psychosomatik gab, appellierte ich an die Teilnehmer, aus Rücksicht auf die Tiere und aus humanitären Gründen ebenfalls vegetarisch zu essen, und setzte auch immer eine entsprechende Menüvariante in den jeweiligen Kurshotels durch. Viele folgten meinem Rat, vor allem wenn sie bei mir in Ausbildung waren.

Enge Beziehungen zu Tierpersönlichkeiten

Als die Krankheitsbilder-Deutung von *Krankheit als Weg* und *Krankheit als Symbol* (siehe Literaturverzeichnis) immer populärer wurde und sich der symbolische Zusammenhang zwischen körperlichen und seelischen Symptomen im allgemeinen Bewusstsein immer mehr verankerte, wurde ich oft zu Krankheitsbildern bei Tieren gefragt. Zu entdecken waren dabei beeindruckende Parallelen zwischen Tieren und ihren Besitzern. Ich ging jedoch nicht tiefer darauf ein, da ich mit den Deutungen zu den Krankheitsbildern meiner menschlichen Patienten schon mehr als genug beschäftigt war. Doch folgt man der Philosophie der *Schicksalsgesetze*, wird schnell klar, dass in einem Universum, in dem alles mit allem zusammenhängt, auch Haustiere und ihre Besitzer in einem engen Verhältnis zueinander stehen, sich vieles bei ihnen entspricht und widerspiegelt – natürlich auch in Bezug auf ihre Krankheitsbilder. So wie die Symptome von Kindern häufig mit den Eltern zu tun haben und Botschaften für deren Seele bereithalten, dürfte es auch bei Tieren und ihren Besitzern sein. Allerdings stellte ich dieses Thema immer wieder zurück.

Doch ist klar: Menschen, die zusammen mit Tieren leben, gewinnen mit diesen so viel mehr an Ausdrucksmöglichkeiten – nicht nur konkret, sondern auch im symbolischen Sinn. Statt ihren eigenen Körper zur Bühne für Krankheitsbilder werden zu lassen, die etwas deutlich machen im Sinne von *Krankheit als Symbol*, können Tiere sich für sie zur Verfügung stellen und es für sie ausdrücken und so die Notwendigkeiten der Seele darstellen. Haustiere werden offenbar so sehr eins mit »ihren« Menschen, dass die Grenzen zwischen beiden verschwimmen und sie die menschlichen Themen und Probleme in Notsituationen wie eigene erleben und übernehmen. Dies verstärkt sich natürlich, wenn der von den betroffenen Menschen ausgehende emotionale und seelische Druck in existenziellen Krisen hoch wird.

Die Tatsache, dass zwischen Menschen und ihren Haustieren eine besondere Beziehung existiert und dies sich auch auf der Ebene von Krankheitsbildern niederschlägt, wurde mir vor allem durch zwei eigene Erfahrungen vor Augen geführt, die mich und meine Familie tief berührten. Unsere Tochter Naomi wurde mit Down-Syndrom und einem schweren Herzfehler geboren. Ihre Herzkammern waren durch einen offenen sogenannten AV-Kanal verbunden, zudem war ihre Mitralklappe kaum angelegt. Nach einer überlebenswichtigen zehn Stunden dauernden Operation war zwar der Herzfehler gebessert, aber Naomi trug eine gravierende Hämolyse, eine Zerstörung ihrer roten Blutkörperchen, davon. Die Aussichten auf Erfolg einer weiteren zwingend notwendigen Operation waren noch schlechter als die des ersten Eingriffs. Über die Möglichkeit, dass Naomi daran sterben könnte, verloren wir zwar kein Wort, aber in größter Sorge versuchten wir, uns alle möglichen Pflichten und Verpflichtungen vom Hals zu schaffen, um ganz für sie da zu sein. So hatte meine Frau unter anderem der Sekretärin anvertraut, sich um die geplante Sterilisierung unserer Katze Lissy zu kümmern. Der Termin dafür lag kurz vor Naomis zweiter Operation. Lissy starb an diesem Routineeingriff. Der entsetzte Tierarzt, der wusste, dass wir – anders als seine übrige ländliche Klientel – unsere Tiere beinahe so wichtig wie Menschen nahmen, und sich Lissys Tod nicht erklären konnte, machte eine Obduktion. Danach kam er persönlich zu uns und berichtete von einem bei Tieren in dieser Form gar nicht beschriebenen Herzfehler, den er bei Lissy gefunden habe: einen großen AV-Kanal, aber vor allem eine fast komplett fehlende Herzklappe. Es sei ihm schleierhaft, wie sie überhaupt so lange hatte leben und sogar einmal Junge bekommen können. Sprachlos angesichts der Ähnlichkeit der Probleme, sagte meine Frau völlig überzeugt: »Dann kann Naomi bleiben« – ganz so, als sei Lissy für Naomi gegangen. Auch wenn das den naturwissenschaftlich ausgebildeten und denkenden Arztanteil in mir von der Kausalität her nicht überzeugte, berührte es mich doch tief. Und der Gedanke blieb immer lebendig: Können Tiere uns Symptome und Krankheitsbilder abnehmen, sich gleichsam für uns opfern?

Offenbar tun sie das für uns, und heute kann ich besonders auch vor dem Hintergrund der Fallgeschichten dieses Buches sagen: Tiere können uns in manchen Situationen Krankheitsbilder gleichsam abnehmen. Sie verdeutlichen am eigenen Leib unsere eigenen Probleme, vielleicht um unser Bewusstsein dafür zu öffnen. Wenn Tiere für uns einstehen und Dinge für uns (er-)tragen, sich gleichsam opfern, um uns etwas abzunehmen, ergibt sich hier eine therapeutische Möglichkeit, die weit über das hinausgeht, was wir bisher kennen. Rückblickend glaube auch ich, dass unsere Katze Lissy für unsere Tochter Naomi gegangen ist und Margits und meine unausgesprochenen Ängste mit ihrem Tod ausgedrückt hat.

Naomi überstand diese zweite, medizinisch gesehen noch heiklere Operation verblüffend gut und ist über zwanzig Jahre später ein wahrer Sonnenschein mit einem weiten, offenen Herzen im übertragenen Sinn.

Wie sehr Tiere seelisch mit Menschen »zusammenarbeiten«, durften wir im Zusammenhang mit unserer Tochter Naomi noch an einem anderen Beispiel erleben. Eine andere unserer Katzen, Lucy, war eindeutig zu Naomis Liebling avanciert. Lucy ließ sich von Naomi Kleider anziehen und in den Kinderwagen legen; sie tolerierte auch sonstige nicht ganz tiergerechte Spiele, die unserer Tochter so einfielen. Zum Glück ist Naomi grundsätzlich nie aggressiv. Dennoch staunten wir oft, was Lucy alles mit sich machen ließ, während andere Katzen bei ähnlichen Versuchen rasch das Weite suchten.

Dann erlitt Lucy eines Tages bei einem ihrer seltenen Ausflüge in die Umgebung offenbar einen schweren Unfall. Querschnittsgelähmt schleppte sie sich mittels ihrer Vorderläufe nach Hause. Ihre Krallen waren völlig abgewetzt, als sie schließlich erschöpft bei uns ankam. Nicht nur ich selbst und der Tierarzt waren der Meinung, sie müsse eingeschläfert werden, um ihr weiteres Leid zu ersparen. Doch Margit, meine Frau der ersten Lebenshälfte, war dagegen und argumentierte sehr überzeugend, dass Menschen wegen Querschnittslähmung auch nicht eingeschläfert würden, und sie begann, Lucy aufopferungsvoll zu pflegen, lernte, Blase und Darm von Lucy regelmäßig auszudrücken und sie rundum zu versorgen. Bezüglich Blase und Darm konnte ich ihr immerhin aufgrund entsprechender Erfahrungen mit querschnittsgelähmten Patienten Hoffnung machen. Tatsächlich erlangte Lucy in diesen anstrengenden Wochen wieder ausreichende Kontrolle über ihre Ausscheidungsorgane. Kaum fassen konnten wir es aber, dass sie schließlich anfing, sich auch wieder vorwärtszubewegen – zuerst nur ein wenig, indem sie sich an den Vorderläufen zog, dann wurde sie zunehmend auch wieder fähig, Schritte zu machen. Lucy verfügte offenbar über viel Heilungsenergie! Später hörte ich von einer Tierärztin, dass eine so starke Regenerationsfähigkeit bei Tieren durchaus bekannt ist und sogar bei Menschen in acht Prozent der Fälle von Querschnittslähmung auftritt.

Allmählich lernte Lucy wieder, richtig zu gehen. Doch wenn sie ihre Behinderung vergaß und zu rennen anfing, trug es ihren Unterleib samt Hinterbeinen schnell aus der Kurve. Sie machte das Beste daraus und wurde noch mehr zu Naomis Spielgefährtin und lebte viele weitere Jahre, bis sie schließlich, zwanzigjährig und längst zahnlos und auf Spezialdiät, zwei Tage lang ihr Leben auf Margits Schoß aushauchte. Sie bekam einen besonderen Grabstein von einem bekannten ostdeutschen Bildhauer mit einer Bronzekatze, die auf einem weißen Marmorkissen ruht. Das mag einigen übertrieben vorkommen. Es war aber nichts gegen das, was dann geschah: In einer Rosenhecke blühte jener Strauch, vor dem Lucy begraben war, den ganzen Winter lang trotz Schnee und Eis. Wenn ich das nicht mit eigenen Augen gesehen und es keine Fotografien davon gäbe, würde ich es auch nicht glauben. Keiner der anderen, zum Teil weniger dem kalten Wetter ausgesetzten Rosenbüsche zeigte ein derartiges Phänomen. Wahrscheinlich können fast alle Katzen- und

Hundeeltern, wenn auch nicht ähnliche, so doch ebenfalls bemerkenswerte Geschichten erzählen, die keinen Zweifel an den Seelenfähigkeiten ihrer vierbeinigen Familienmitglieder lassen.

Alle unsere Katzen zeigten einen auf ihre Art besonderen Charakter. Lola, die Therapiekatze, war zu keiner Zeit aus dem Wartezimmer fernzuhalten, wie ich es ursprünglich aus hygienischen Gründen für nötig hielt. Sie kam mit den Patienten immer wieder von draußen herein und nahm dann schon während deren Wartezeit ihre therapeutische Arbeit auf. Lola legte sich – von vielen Patienten bestätigt – immer wieder auf jene, manchmal auch schwer erreichbaren Regionen, wo die Menschen Probleme hatten, und schnurrte laut und vernehmlich und vor allem spürbar. Natürlich merkten die Patienten das und schätzten die heilsam schnurrende Lola sehr. Mehr als eine(r) wollte Lola adoptieren, aber das kam für uns natürlich gar nicht in Frage. Manchmal dachte ich, die Katze würde sich auf diese Weise dafür bedanken, dass wir sie durch Adoption vor dem sicheren Tod bewahrt hatten, und nach (ihren) Kräften im Heil-Kunde-Zentrum mitarbeiten. Keine andere unserer Katzen hatte auch nur annähernd solch eine therapeutische Ader.

Eine andere Individualistin war Lilly, ein echtes Naturtier. Sie mied in der warmen Jahreszeit das Haus und lebte aus eigener Kraft im Freien von selbst erlegter Beute. Zwar jagten all unsere Katzen – nicht nur Mäuse, sondern leider auch Vögel –, aber das

Erbeutete zu fressen war weit unter ihrer Würde. Lilly dagegen ernährte sich davon und kam überhaupt nur im Winter herein. Mir imponierte das als Einzigem, weil ich es so natürlich fand, und ich mochte sie dafür und sie mich. So hatte sie auch zu mir – wenn schon zu einem Menschen – den besten Bezug. Stimmigerweise wurde »Lilly« dann auch Naomis allgemeine Bezeichnung für Katze.

Im Gegensatz zu Lilly entwickelten unsere übrigen Katzen deutliche Anzeichen der Vermenschlichung, ohne dass wir das absichtlich gefördert hätten. Vor allem Kater Neve, so weiß wie Schnee und so frühzeitig kastriert, dass er eigentlich gar nicht wissen konnte, was ihm fehlte, wurde zu einem typischen Männerfreund. Als ahnte er sein spezielles Defizit, suchte er auffallend die Nähe männlicher Wesen. Außerdem wurde er zum Gourmet. Wenn die Geschmacksrichtung der angebotenen Speisen seiner augenblicklichen Vorliebe nicht entsprach, konnte er dermaßen angewidert nacheinander seine Pfoten ausschütteln, dass er nicht selten noch eine zweite Chance auf eine für ihn schmackhafte Mahlzeit bekam.

Als ich zusammen mit Rita, der Frau meiner zweiten Lebenshälfte, unser neues Zentrum TamanGa aufbaute, lief uns schon in den ersten Tagen eine schwarze Katze zu, die ich deswegen beinahe Lucy getauft hätte. Doch angesichts des schweren Schicksals unserer »alten« Lucy, das wir dieser schwarzen Katze ersparen wollten, nannten wir den Neuankömmling Lilly, Naomis Name für alle Katzen. Bei unserem unsteten Leben mit so vielen Reisen wollten wir eigentlich gar kein Haustier. Möglicherweise wegen unserer Vorbehalte entwickelte diese Lilly 2 sofort ein lautes Schnarren beim Atmen, sodass wir sie zum Tierarzt brachten. Abgesehen von dem seltsamen Geräusch konnte er nichts Besonderes feststellen. Lilly gefiel die so erreichte Aufmerksamkeit, und sie behielt den Trick bei. Mittlerweile ist sie wahrscheinlich die bestuntersuchte Katze im Land. Wir wissen, dass sie nur schnarrt, wenn Menschen in der Nähe sind, offenbar mit dem Ziel, Zuwendung zu bekommen. Dennoch kam es immer wieder vor, dass mitfühlende Gäste, die uns wahrscheinlich für hartherzig hielten, sie tierärztlich untersuchen ließen – mit dem immer gleichen Ergebnis, dass nichts richtig Krankhaftes vorliegt. So wurde Lilly eine typisch psychosomatische Katze, passend zu mir und meiner Vorliebe für Psychosomatik.

Moritz, unser neuer Kater, kam auf ähnliche Weise zu uns. Er litt schon als ganz junges Tier an einer so schweren Entzündung, dass Rita ihn voller Mitgefühl mehrfach zum Tierarzt brachte. Selbst in seinem ausgesprochen elenden Zustand gelang es dem kleinen Charmeur während der Autofahrten, Ritas Herz, das eigentlich immer für Hunde geschlagen hatte, zu erobern, und so genießt er heute bei uns – in Anbetracht des von Rita gepflegten Schweizer Hygieneniveaus – Privilegien, von denen ich nur träumen kann. Er liebt seitdem Autofahrten, als wüsste er, dass sie ihm das Leben gerettet haben, und er möchte immer mit uns mitfahren, steigt aber auch leider gern in fremde Autos ein.

Als er später plötzlich in TamanGa verschwand, spürte ich sogleich, dass auch meine Tage des Wohnens hier wohl gezählt seien, und tatsächlich kam es schon Wochen später so. Es war fast, als hätte uns Moritz die Entscheidung erleichtern wollen durch seinen rechzeitigen Rückzug.

Ganz anders Luna, eine Katzendame, die uns ebenfalls zugelaufen ist – und das, obwohl es bei uns nur veganes Katzenfutter gibt. Für diese Art Tiernahrung konnte ich mich selbst als angeblicher »Vegan-Papst« anfangs gar nicht begeistern, bis ich demonstriert bekam, wie Moritz und Lilly bei der Wahl zwischen beiden Varianten die vegane wählten. Ich tröste mich damit, dass sie jederzeit im großen TamanGa-Garten nach eigener Wahl Mäuse fangen können. Sie tun das auch, fordern aber ihr veganes Futter ebenfalls ein. Das macht inzwischen auch Luna, allerdings besteht sie zudem darauf, zweimal im Jahr Junge zu bekommen, was nicht ganz in unser Konzept passt. Jeder Einfangversuch, um sie zur Sterilisation in die Tierarztpraxis zu bringen, scheiterte jedoch. Am jeweiligen Tag war sie immer verschwunden, und ein trickreiches frühzeitiges Einfangen führte bei einem der Jäger zu solchen Kratzverletzungen, dass wir schließlich kapitulierten und nun den starken Instinkt von Luna respektieren. Die Tierärztin reagierte ganz entspannt und erzählte, dass so etwas gar nicht selten sei. Inzwischen hat Luna doch noch Einsehen gezeigt und sich fangen lassen.

Kommunikation über die Seele

Eine Woche lang konnten wir kürzlich in unserem Zentrum TamanGa miterleben, wie die Tier-Kommunikatorin Amelia Kinkade sich von Haustieren die seelischen Probleme ihrer Besitzer auf mediale Art mitteilen ließ. Die Tiere – egal ob es sich um Hunde, Katzen, Pferde oder Papageien handelte – wussten gut Bescheid über die seelischen Haken und Ösen ihrer Herrchen oder Frauchen. Und vor allem wussten sie auch von deren Schattenseiten zu berichten, von Angelegenheiten, die den Tierhaltern selbst nicht klar waren oder die sie sich jedenfalls nicht eingestanden. Manchmal brachten sie auch etwas ganz Verborgenes oder Geheimgehaltenes zutage. Eine Betroffene sagte vollkommen verblüfft: »Das geht ja nicht mit rechten Dingen zu, das weiß niemand« – die Tiere eben schon.

Aber tatsächlich und natürlich geht es hier mit *rechten* Dingen zu, denn die Tiere empfangen solche Botschaften mit Sicherheit nicht von der archetypisch männlichen, intellektuellen linken Hirnhälfte »ihres« Menschen und nehmen sie wohl nicht bei sich in dieser wahr. Sie gehen mit ihrer großen seelischen Offenheit den archetypisch weiblichen Weg des Mitfühlens. Sie tauchen wohl auf eine sehr ganzheitliche Art in unsere Gedankenbilder ein, in die Sorgen, Ängste und Kümmernisse, und übernehmen zuweilen eben auch Krankheitssymptome. Es fehlt ihnen einfach die Ich-Grenze, und sie lassen alles ungehindert zu sich herein, was in ihrem Lebenszusammenhang wichtig ist – und »ihr« Mensch ist offensichtlich ganz besonders wichtig für sie.

Von dieser engen Verbundenheit von Mensch und Tier zeugen viele erstaunliche Begebenheiten – die sogar schon verfilmt wurden wie etwa die rührende Hundegeschichte von Hachiko, der auch nach dem Tod seines Herrchens noch zehn Jahre lang jeden Abend beim Bahngleis auf dessen Rückkehr wartete. Doch nur selten werden Geschichten über wundersame Verhaltensweisen und Treuebeweise von Tieren zugunsten der Seele der Tiere ausgelegt. Dabei müssten längst alle wissen, dass Tiere eine Seele haben und zu erstaunlichen Liebesbeweisen fähig sind und dann Leistungen erbringen, die unserer Seele viel bedeuten und ihrer deshalb wohl auch.

Ganz Deutschland hat beispielsweise 1956 die Geschichte von Halla, der Wunderstute, miterlebt. Die deutsche Springreiter-Equipe glaubte damals, die olympische Goldmedaille sei ihr so gut wie sicher, als sich Hans Günter Winkler schwer verletzte und eigentlich nicht mehr reiten konnte. In seiner Verzweiflung und von Ehrgeiz für Deutschland getrieben, ließ er sich extrem bandagieren und auf sein Pferd Halla binden, um so doch an den Start gehen zu können. Auf dem Parcours aber machte Halla dann alles allein und gewann für Deutschland Gold – trotz der Last des Verletzten auf ihrem Rücken, der weder Kommandos noch Unterstützung geben konnte. Die Begeisterung war schier grenzenlos. Die Goldmedaille dürfte der Stute jedoch egal gewesen sein; Halla hat ihre Glanzleistung für »ihren« Menschen Hans Günther Winkler abgeliefert. Wer je mit Pferden gesprungen ist, weiß, wie notwendig die Hilfen des Reiters dabei sind; Halla jedoch ersetzte ihren Reiter vollständig und machte alles *gold*richtig. Sicher war sie ein besonderes Pferd und sportlich gesehen im wahrsten Sinne des Wortes Gold wert. Aber letztlich war sie gar kein Wundertier, denn alle Tiere, mit denen ich Erfahrungen habe – Katzen, Hunde und Pferde –, besitzen diese Seelenfähigkeiten, und ich kenne niemanden mit engem Kontakt zu ihnen, der das übersehen hätte.

Mein Bruder Jürgen, der Springreiter, nahm sogar ältere Tiere mit zum Turnier, weil sie sich so danach sehnten, auch wenn er ihnen die extrem schweren Parcours nicht mehr zumutete. Beim Betreten des Stalles wollen sie auch in der richtigen, das heißt in der ihrer eigenen Hierarchie entsprechenden Reihenfolge begrüßt werden, sonst schlagen sie im wahrsten Sinne des Wortes Rabatz. Heute leben seine Pferde Midway, Looping und die anderen Preisträger auf einem Bauernhof, wo sie in schönster

Landschaft ihre Altersruhe genießen. Aber lieber wären sie zweifellos noch in ihren Boxen und würden weiter bei Turnieren mitmachen. Sie sind ihren Menschen so nahegekommen und ihnen in mancher Hinsicht so ähnlich geworden, dass sie alles für sie tun würden und ihre Nähe bei jeder Gelegenheit suchen. Schöne Landschaft und die Natur, die uns – die wir vorgeben, mit ihnen mitzufühlen – so wichtig sind, bedeuten ihnen dagegen wohl vergleichsweise wenig.

Ein Beispiel für Seelenwahrnehmung bei einem Hund, die weit über menschliches Vermögen hinausging, erlebte ich mit Anette, der Boxerhündin meiner Mutter. Kaum waren wir vier Geschwister aus dem Haus, hat meine Mutter, Sonderschullehrerin mit Leib und Seele, alle Kinder zu ihren gemacht und auch immer einen herrenlos gewordenen Hund bei sich, im Haus am Kochelsee aufgenommen. Boxerhündin Anette hatte die Angewohnheit, eine Viertelstunde, bevor meine Mutter nach Hause kam, erwartungsvoll zur Tür zu gehen, um sie dann begeistert zu begrüßen. Ob meine Mutter zu Fuß oder mit dem Auto kam, war dabei egal. Im letzteren Fall war sie ja noch viele Kilometer entfernt, wenn Anette ihren Warteplatz einnahm. Hatte Mutter es eilig, konnte sie durchaus weite Strecken in einer Viertelstunde zurücklegen. Das erstaunliche Verhalten des Hundes erlebten viele mit, und keiner fand eine wirklich überzeugende Erklärung dafür. Anette spüre die Schwingungen, und ähnliche okkulte Deutungsversuche wechselten mit geradezu lächerlich pseudowissenschaftlichen wie, der Hund könne die Vibrationen wahrnehmen. Das Rauschen eines dreißig Kilometer entfernten Autos irgendwo auf der vielbefahrenen Autobahn München-Garmisch zu identifizieren – das ist schon sehr okkult! Psychologisierende Erklärungen wie, das Tier kenne den Stundenplan meiner Mutter auswendig, hinkten ebenfalls, denn Anette vertat sich nie, auch nicht bei wechselnden Stundenplänen oder ausgefallenen Unterrichtsstunden. Stets war sie zur Stelle. Einmal war meine Mutter zu einem einwöchigen Schullandheim-Aufenthalt aufgebrochen und hatte uns Anette und das Haus anvertraut. Eine Stunde nach ihrer Abfahrt ging Anette an ihren Warteplatz, und nun meinten wir, auch Anette könne sich irren. Eine Viertelstunde später kam jedoch meine Mutter herein, weil sie etwas Wichtiges vergessen hatte. Anette war meines Wissens unfehlbar in dieser Art Vorausschau, und das Phänomen an sich überstieg mein naturwissenschaftliches Weltbild bei Weitem.

Wir erlebten mit den Hunden meiner Mutter noch viele andere bemerkenswerte Dinge. Ein besonderes Exemplar war Baguira, pechschwarz wie der namengebende Panther aus dem *Dschungelbuch* und groß wie sein Vater, eine deutsche Dogge. Dieser Hund war ein rechter Zerberus und flößte vielen erheblichen Schrecken ein. In dem großen parkähnlichen Garten war er der Chef, und wer dort trotz der eindeutigen Warnung am Tor eindrang, wurde totenbleich von ihm, dem Chef des Parks, bei meiner Mutter, der Chefin des

Hauses, »abgeliefert«. Baguira schnappte sich einen Arm, zum Glück fast immer unblutig, und führte sein entsetztes Opfer bei »Frauchen« vor.

Irgendwann wollte meine Mutter nicht mehr in dem viel zu großen Haus mit ihrem Hund leben, und wir suchten ihr eine Wohnung in der Nähe des Englischen Gartens in München. Dort, so dachten wir, hätten die beiden genug frische Luft und Auslauf. Doch nun meinte Baguira, der ganze riesige städtische Park sei sein neues Gartenrevier. Er riss sich los und versuchte, auf seine Art für Ordnung zu sorgen, was rasch den Unwillen aller Beteiligten erregte und zur Androhung von Maulkorbzwang und Schlimmerem führte. Weder meine Mutter noch meine beiden Schwestern konnten den Höllenhund an der Leine halten, wenn er sich zur Ordnungsmacht berufen fühlte. Daraufhin sollten mein Bruder und ich Baguira das schlechte Benehmen austreiben und ihm Zurückhaltung beibringen, sozusagen ein später, nachträglicher Erziehungsversuch. Allerdings klappte das nicht, denn bei uns ging der Hund brav bei Fuß und zeigte gar kein Interesse, sich loszureißen. Offenbar ahnte er, dass wir nur darauf warteten. Wenn wir nach einigen Spaziergängen glaubten, er hätte es nun kapiert, und meine Mutter wieder einen Spaziergang mit ihm wagte, ging das Theater von vorn los. Baguira hatte schon verstanden: Er wusste ganz genau, was er sich bei wem leisten konnte.

Auch Pferde wissen, was da oben los und da unten

möglich ist. So habe ich bei vielen Ausritten noch kein Pferd im Maul herumreißen müssen, weil die Tiere irgendwie spüren, dass ich weiß, was ich will, und das sowieso durchsetze, und dann versuchen sie es einfach gar nicht erst anders. Bei einigen Pferdeflüsterern, so viel sensibler auf die Pferdeseele eingestellt, erlebte ich im Ernstfall – und dann wegen einer Mischung aus Angst und mangelndem Vertrauen – aber genau dieses Reißen am harten Stahl im weichen Maul.

Ein geplanter Ausritt zusammen mit Margit, der ersten Frau, endete damit, dass ein ausgesucht braves Pferd, das ich schon oft geritten und immer als sehr folgsam erlebt hatte, ständig am Fressen war und wir überhaupt nicht vorankamen. »Du siehst doch, dass sie Hunger hat!« Und: »So schönes Gras bekommt sie sonst eben nicht!« Und: »Jetzt hat sie Durst, das ist doch klar!« Solche Einschätzungen wurden vom Pferd offenbar telepathisch aufgenommen, lange bevor sie ausgesprochen waren, und es folgte den willkommenen Einladungen prompt. Um wieder heimzukommen, machte Margit schließlich einen Spaziergang; ich nahm das Pferd am langen Zügel, und es kam sofort willig mit und beendete die Eskapaden ohne eine Drohung. Tiere wissen offenbar sehr gut, was los ist und was mit uns los ist.

Auch folgende rührende Geschichte illustriert das Seelenwesen der Tiere: Ein Milchbauer trieb seine Rinderherde tagsüber immer auf eine große Weidefläche. Eine der Kühe war zum zweiten Mal trächtig und brachte eines Abends ihr Kalb mit zum Stall. Wie in unserer modernen herzlosen Zeit üblich, wurde es ihr um der Milch- und Kalbfleischproduktion willen sogleich wieder weggenommen. Die Kuh gab nun aber keine Milch, wie es von ihr erwartet wurde und ihr Euter war abends regelmäßig leer. Der herbeigerufene Tierarzt diagnostizierte eine gesunde Kuh, allerdings mit leerem Euter. Schließlich folgte ihr der irritierte Bauer auf die Weide und beobachtete, wie sie sich bald von der Herde absonderte und in einem Buschgelände verschwand. Zu seiner größten Überraschung säugte sie dort ein Kalb. Offenbar hatte die Kuh Zwillinge geboren und nur ein Kalb »abgeliefert«. Nicht natürlich, aber üblich ist, dass sie nun auch das zweite Kalb hergeben musste, damit der Bauer sie als Milchkuh nutzen konnte. Dass sie eine Woche lang nach dem Kalb schrie und dieses nach ihr, nahm ihr Besitzer wie alle Milchbauern routinemäßig in Kauf. Wie gepanzert müssen deren Ohren und Herzen sein und die Milchtrinker, die das zu verantworten haben? Stellen wir uns dasselbe auf Menschenebene vor. Eine Mutter opfert eines ihrer Kinder, um ein anderes zu retten! Wer würde die Seelenqualen bestreiten, die solch eine Situation mit sich bringen muss?

Missachtung im Namen der Kirche und des Konsums

Tragisch, dass die meisten dieser treuen Seelenwesen – ob »Nutzvieh« oder Reitpferde – meist geschlachtet werden, wenn sie ausgedient haben. Reitschulen können es sich finanziell nicht leisten, ihre altgedienten Pferde weiter zu behalten. Sie müssen Platz machen für junge Tiere, die tatkräftig zu Diensten sind und Geld einbringen. Wer nichts mehr verdient, hat ausgedient. Was bei den Tieren gang und gäbe ist, geschieht heute auch schon in der Menschenwelt. So gibt es auf Intensivstationen Computerprogramme, die ausrechnen, ob sich der Aufwand an lebenserhaltenden Maßnahmen noch lohnt. Gefühl haben diese Computer nicht und werden es wohl nie haben, aber das spielt in unserer digitalisierten Welt auch immer weniger Rolle.

Viele Menschen, die (Haus-)Tiere halten, wissen um die Seele ihrer Lebensbegleiter, und es gibt so viele berührende Begebenheiten, die keinen Zweifel am Seelenleben von Tieren lassen. Kaum jemand, der gar keine kennt. Wie kann es dann sein, dass dieses Wissen nicht mehrheitsfähig wird? Vor allem die Betreiber der modernen Agrofabriken wollen in der Regel nichts davon wissen, denn sonst müssten sie sich herzlos und brutal vorkommen. Und wie steht es um all die Leute, die sich zwar als tierlieb bezeichnen, aber vom Fleisch geschlachteter Tiere ernähren? Man beschäftigt sich lieber mit einzelnen vermenschlichten Haus- und Schoßtieren, um die ganze Wahrheit unseres Umgangs mit der Tierwelt nicht anschauen zu müssen. Sie ist tatsächlich schwer erträglich. Wer Jonathan Safran Foers Buch *Tiere essen*[2] liest, schämt sich in aller Regel, zu dieser seltsamen Spezies zu gehören, die mit anderen Wesen so lieblos, meist sogar skrupellos grausam verfährt.

Obwohl Millionen Menschen unseres Kulturkreises Tiere halten, sie lieben und ihnen seelisch nahe sind, ist es dazu gekommen, dass wir Milliarden von Wildtieren den Lebensraum nehmen für Milliarden von Nutztieren, die wir so schlecht behandeln, dass wir von ihrem Fleisch – wissenschaftlich nachweislich – elend krank werden. Und wegen unserer Gesundheitsstörungen foltern wir dann Millionen Versuchstiere auf perfide Art zu Tode auf der Suche nach Medikamenten, die wir gar nicht bräuchten, wenn wir keine Tiere essen würden. Offenbar tun wir uns mehrheitlich sehr schwer, einen Ausweg aus diesem entsetzlichen Teufelskreis zu finden. Dabei könnte *Peace Food – Essen für Gesundheit und Frieden*, das heißt vegane Ernährung, auf einfache Weise unseren inneren und den äußeren Frieden wiederherstellen.

---

2 Jonathan Safran Foer: *Tiere essen*. Frankfurt, 2. Aufl. 2013.

Auf den ersten Blick mag die Verbindung zwischen dem Thema Ernährung und den Fallbeispielen dieses Buches weit hergeholt sein. Doch es erscheint mir wichtig, hier auf die Wurzeln unseres Umgangs mit Tieren aufmerksam zu machen. Der Grund, dass wir das Seelenleben der Tiere so einfach ausblenden, dürfte in unserer Geschichte liegen, und einen großen Anteil daran hat sicher die christliche Religion, die die Geschicke unserer Welt wie keine andere bestimmt. So wurzelt zum einen der Kapitalismus, die moderne Weltreligion des Geldes, im Leistungsdenken des evangelisch-puritanischen Christentums. Zum anderen ist von Bedeutung, dass der Katholizismus über viele Jahrhunderte Probleme mit der Seele der anderen hatte. So hoch angesehene Kirchengelehrte wie Thomas von Aquin diskutierten einst darüber, ob Frauen eine Anima, eine Seele, besäßen. Selbst als sie diese den Frauen schließlich zugestanden, hatte das keine Auswirkungen auf die Hierarchie der katholischen Kirche, in deren obersten Rängen man bis heute kein weibliches Wesen toleriert. Eine Frau wird nicht einmal als einfache Geistliche akzeptiert, als habe man noch immer Angst vor den mächtigen und weisen Priesterinnen der vorchristlichen Ära.

Als der Schritt, auch der Frau eine Anima zuzubilligen, endlich geschafft war, blieben Menschen anderer Hautfarben aber noch lange ohne den Vorzug, von der weltbeherrschenden Religion als beseelte Wesen anerkannt zu werden. In Afrika und Amazonien gefangene Eingeborene wurden wie Tiere in Käfigen verschifft und zur Besichtigung freigegeben und ausgestellt. Schlimmer noch, die Kirche förderte die Sklaverei. Als in der Neuen Welt die Indianer der schweren Schufterei in den Goldminen nicht gewachsen waren und nach kurzer Zeit starben, plädierte der katholische Mönch Las Casas aus Mitleid für seine »Schäfchen« dafür, sie durch die viel robusteren schwarzen »Arbeitstiere« aus Afrika zu ersetzen. Dieses fatale Engagement ist der Beginn des Jahrhunderte währenden Elends der Sklaverei in Amerika, das in den USA bis heute nicht wirklich überwunden ist, wie ständige Rassenunruhen zeigen.

Schließlich gestanden die katholischen Theologen auch Farbigen eine Anima zu, was bislang ebenfalls wenig Auswirkungen auf die Struktur und Organisation unserer Welt hat. Bei den Tieren ist die Kirche noch immer nicht so weit. Obwohl sie eine Lichtgestalt wie den heiligen Franz von Assisi in ihren Reihen hat, schafft die katholische Priesterschaft es nicht, hier eindeutig für die Tiere Stellung zu beziehen, eher ist das Gegenteil der Fall. Es sind außerdem fast ausnahmslos konservative, den christlichen Anspruch im Namen führende Parteien, die Tierschutz und Tierrechte verhindern. Das war früher in Deutschland so und ist es heute in der EU. Man hat sich hemmungslos dem Tanz ums Goldene *Kalb* ergeben, und dabei bleiben zuerst die Tiere und anschließend die Menschen auf der Strecke.

Was die Frage angeht, ob Tiere eine Seele haben,

ist die Durchschnittsbevölkerung oft viel fortschrittlicher eingestellt als der geistliche Stand. Es gibt natürlich Ausnahmen, aber sie sind wirklich spärlich gesät. Mein Lieblingspfarrer Schmatzberger aus Großgmain bei Salzburg hat Katzen; ich kenne einen reitenden Priester und einen, der in der Schweiz sogar ein Tierheim für herrenlose Katzen betreibt. Aber viele leben wohl ohne Tiere und diesen seelischen Austausch, und folglich fehlt es an entsprechendem Gefühl und Engagement. Wo kein Bezug ist, bleibt auch das Verständnis aus. In den oberen Rängen der Kirchenhierarchie sind Haustiere wahrscheinlich die absolute Ausnahme, und es wird kaum die Erfahrung gemacht, wie sehr eigene Tiere uns und die Situation unserer Seele widerspiegeln.

Dabei müssen wir nur weiter zurückgehen in die vorchristliche keltisch-germanische Zeit und in die noch frühere Epoche, die von animistischem Weltbild geprägt schamanische Traditionen pflegte. Damals, als weise Frauen das Sagen und vor allem Spüren in der Medizin hatten, sah der Bezug zur Tierwelt jedenfalls anders aus. Alles wurde als belebt und beseelt verstanden, so natürlich auch die Tiere. Dieser Welt kommen wir heute wieder näher in dem Maß, wie der weibliche Pol der Wirklichkeit in den Mittelpunkt rückt, und zu hoffen ist, dass das Christentum dahin zurückkehrt, wieder eine Religion der Seele zu sein statt des Geldes.

Vielleicht ändert sich etwas während des Pontifikats von Papst Franziskus, der als Jesuit kaum zufällig den Namen des kleinen Heiligen aus Apulien gewählt haben dürfte, der mit dem Orden seiner minderen Brüder (Minoriten) auf Einfachheit und Armut setzte und damit Gottes Auftrag, seine Kirche wieder aufzubauen, nachkam. Gegen die beginnende »Geldreligion« aber hatte Franz von Assisi schon damals keine Chance, und auch gegenwärtig wäre dies ein gewaltiger Kampf, wenn Papst Franziskus ihn denn weiter wagt. Angefangen hat er respektablerweise damit. Und er hat nicht nur erkannt, sondern im Gegensatz zu seinen Vorgängern auch schon gesagt, dass Tiere eine Seele haben. Eigentlich eine Banalität, aber bei der Geschichte des Papsttums schon eine Besonderheit.

Der heilige Franz von Assisi war bis heute der Einzige in der kirchlichen Hierarchie, der die Tiere als Seelenwesen mit einbezogen hat, und er war so rein in seinem Ansinnen, dass sie keinerlei Angst vor ihm zeigten, sondern seine Nähe suchten, wovon viele Legenden berichten. Wenn nun der heutige Papst Franziskus dem ersten Franziskus nachkommt und die Armut über den Prunk, die Einfachheit über den Intellekt und das Gefühl des Herzens über die Religion des Geldes stellt und letztlich die Seele über den Kommerz, dann könnten auch für die Tiere bessere und sogar gute Zeiten anbrechen in einem ganz neuen franziskanischen Feld der Verbundenheit aller fühlenden Wesen. Hier ist viel Schattenarbeit zu leisten und vieles wiedergutzumachen. All die Menschen, die ihre Seele spüren und von der Seele der Tiere wissen oder an sie glauben, wird Papst Franziskus hinter sich wissen; und diese Menschen werden auf jenes franziskanische Feld hoffen und setzen.

Tiere als Chance und Helfer

Zu wünschen ist, dass die Chance zur Selbsterkenntnis, die Tiere uns bieten – neben all der Zuwendung, Liebe und Treue, Kommunikation, Freude und Lebendigkeit –, bekannter wird, denn damit eröffnet sich eine wundervolle Perspektive. Tiere sind eine wesentlich größere Unterstützung für unser Leben als die beste und teuerste Lebensversicherung. Deren Policen wiegen uns nämlich nur in falscher Sicherheit; sie haben weder ein Leben um auch nur einen einzigen Tag verlängert, noch jemanden vor einem Schicksalsschlag bewahrt. Aber Tiere vermögen uns rechtzeitig zu warnen; sie können uns vieles abnehmen und für uns tragen. Irmgard Baumgartners Tierpatienten zeugen davon.

Was könnte uns mehr Sicherheit geben, als ein Tier an unserer Seite zu wissen, das uns als »seinen« Menschen erkennt? Tieres sind der denkbar beste Bodyguard, denn sie übernehmen offenbar bereitwillig Verantwortung für Leib und Seele »ihres« Menschen und fühlen oft vor ihm, was mit ihm los ist. So viele gut dokumentierte Lebensgeschichten von Tieren zeigen beispielhaft, wie selbstlos sie sich für ihren Menschen einsetzen und sich in höchster Not sogar für ihn opfern.

Kinder und ihre Tierbegleiter

Tiere sind auch die besten Beschützer, Babysitter und Spielgefährten für Kinder. Denn wer käme sonst noch gegen Smartphones und Tablets an, wenn nicht lebendige Tiere, die die Kinderseele berühren! Eltern, die sich dieses Buch zu Herzen nehmen, kann bewusst werden, welche bedeutsamen Entwicklungschancen sie ihren Kindern mit Haustieren bieten könnten, vor allem wenn die Kinder in der (Groß-) Stadt aufwachsen. Jedes Kind braucht mindestens ein Tier für seine Seelenentwicklung, und praktisch jedes Kind möchte das auch. In der schamanischen Kultur gibt es nicht ohne Grund den Tierverbündeten oder das Totemtier. Schon im Kindesalter sollte ein Mensch solch einen starken Begleiter aus der Anderwelt haben.

Heute aber wachsen viele Kinder in seelenlosen, naturfernen Städten und Siedlungen auf, ohne bewusste Verbindung zu ihrem Tierverbündeten oder Schutzengel, ohne Seelennahrung der Märchen und Mythen. Sie sind in ihrer Fantasie und emotionalen Entwicklung behindert durch digitale Gerätschaften und damit insgesamt einem immer massiver werdenden Kommerz preisgegeben. Natürlich sind Smartphones und ihre Vorläufer, die Gameboys, die billigeren und scheinbar völlig unkomplizierten Babysitter, aber was richten sie in der Kinderseele an! Sie machen ja keineswegs den Geist smart, sondern lassen ihn eher dumpf und fantasielos werden. Für die Seele wäre es mit Sicherheit ein Gewinn, wenn Kinder mit Hunden und Katzen spielten statt mit Tablets. Lächerliche Versuche, tierartige Computerwesen zu programmieren, zeigen das Defizit und Bedürfnis mehr, als es zu beheben.

Außerdem wissen wir heute, dass jede Berührung bei Neugeborenen die Bildung von Nervenverbindungen anregt und wie wichtig das für die Entwicklung und die Lebensperspektive ist. Kinder brauchen also so früh wie möglich Tiere in ihrer Nähe. Für überbehütete und mit Spielzeug überschüttete Einzelkinder gilt das heute noch viel mehr. Und alle Kinder durchleben Entwicklungskrisen und benötigen darin Beistand, den fast nur noch Tiergefährten in der passenden Form bieten können, die immer frei haben und jederzeit für »ihre« Menschenkinder da sind, während moderne Eltern meist beide arbeiten gehen.

Tiere sind auf so vielen Ebenen wundervolle Gefährten, wenn natürlich auch nicht so praktisch, weil sie schmutzen und Bedürfnisse haben. Sie bringen außerdem finanziell nichts, sondern kosten Zeit und Geld. Für die Seele aber sind sie unbezahlbar und deshalb unersetzlich.

Allerdings ist ein lebendiges Tier kein mechanisches Spielzeug, das in den Müll geworfen werden kann, wenn es seine Schuldigkeit getan hat und *Kind* seiner überdrüssig geworden ist. Man mag sich ausmalen, was in der Seele des Kindes geschieht, wenn sein Haustier zur Ferienzeit einfach ausgesetzt, weggegeben oder gar eingeschläfert wird. Wie werden diese Kinder später mit menschlichen Partnern umgehen? Hüten wir uns also davor, Tiere zu seelenlosen Spielzeugen verkommen zu lassen – oder sie als seelenloses Futter in Massen zu verschlingen, zum großen gesundheitlichen Schaden aller. Jede Verbindung, die wir zwischen Kindern und Tieren stiften, kann solch einer Verrohung vorbeugen. Und genauso wichtig wie Tiere für unsere Kinder sind, so wichtig sind sie in dieser wenig kindgerechten, vorwiegend materiell orientierten, aber seelisch verarmten Welt. Wer Gewalt gegen Tiere toleriert, wird sie letztlich auch gegen Menschen erleben und tolerieren. Diesem Trend wäre mit tiefen Tierfreundschaften gegenzusteuern.

Wie wichtig Tiere für Kinder wie Erwachsene und besonders für die Entwicklung unseres inneren Kindes sind, erleben Millionen Menschen ständig im Kontakt mit ihren Tier(freund)en. Sie verleiten uns jederzeit zu Spiel, Freude und Unfug, lösen Heiterkeit und Lebenslust aus, fordern Zuwendung und Streicheleinheiten. Wer freut sich jedes Mal, wenn wir heimkommen, und wedelt zur Begrüßung begeistert mit dem Schwanz? Und was ist dieses

Schwanzwedeln anderes als Wellen der Begeisterung, die über den ganzen Körper laufen und erst an seinem Ende, eben im Schwanz, so deutlich werden und spontane Freude auslösen. Wer solche Begrüßungen und Willkommensempfänge noch gar nicht kennt, aber ersehnt, dem fehlt etwas: ein Hund! Und die Seele wird aufleben.

Arbeitsteilung und therapeutische Unterstützung

Obwohl es früher auch hierzulande üblich war, vor allem Pferde und Ochsen als Arbeitstiere einzusetzen, sind wir heute an diese Art der Kooperation nicht mehr gewöhnt. Maschinen haben die Tiere ersetzt. Der Unterschied dürfte aber gewaltig sein, ob ein Bauer mit seinem vertrauten Pferd den Acker bestellt oder sich dazu auf seinen modernen Traktor schwingt. Letzteres spart Zeit, aber es kostet Bezogenheit.

Heute sind wir jedoch immer noch gerührt, wenn Tiere Menschen konkret helfen, etwa wenn Lawinenhunde Verschüttete aufspüren oder Suchhunde die Rettungskräfte zu Vermissten oder Erdbebenopfern führen. Noch mehr berührt es uns, wenn Tiere ohne entsprechendes Training spontan helfen, wie etwa frei lebende Delfine, die Schiffbrüchigen zu Hilfe kommen. Daneben gibt es Tiere, die für spezielle Dienste im medizinisch-therapeutischen Bereich abgerichtet sind.

Hunde

Blindenhunde führen ihre Frauchen und Herrchen in selbstloser Weise und erwarten dafür nichts außer vielleicht Zuwendung und Liebe, die jedes Tier schätzt. Sogenannte Partner-Hunde helfen Menschen mit Behinderungen, im Alltag selbstständig zu bleiben und gegenüber anderen immer eine Hundenasenlänge voraus zu sein. In den USA werden Hunde trainiert, Epileptikern zur Seite zu stehen. Diese Hunde können sogar die Aura des Grand-mal-Anfalls (großer Krampfanfall) spüren, sodass ihre menschlichen Patienten auf ihre Warnung hin noch rechtzeitig das Auto parken, ihre Medizin einnehmen und den Anfall dämpfen können. Dank der Hilfe ihres Hundes können diese Epileptiker ein weitgehend normales Leben führen und dürfen zum Beispiel sogar Auto fahren. Und keiner dieser Hunde schreibt die geleisteten Stunden auf. Im Gegenteil: Statt Forderungen zu stellen, schenken sie freigiebig Liebe.

Einen beeindruckenden Therapieeinsatz von Hunden zeigte James Lynch. Der Professor für Psychophysiologie dokumentierte im Rahmen einer Studie, wie Hochdruckpatienten nur noch mit Hunden normal kommunizieren konnten. Mit anderen Menschen würden sie wegen ihres Hierarchiebewusstseins unter Druck geraten: Nach unten teilen sie aus im Sinne einer Entladung, und nach oben buckeln sie und geraten so unter Druck. Mit dem eigenen Hund sei es ihnen dagegen noch möglich, auf Augenhöhe zu kommunizieren, ohne sich in für sie (lebens-)gefährliche Drucksituationen zu bringen. Der Professor empfiehlt folglich Hunde für moderate Spaziergänge und menschliche Kommunikation als wirksamste Therapie bei Hypertonikern.

Und so wie Hunde Naturpark-Ranger bereits auf bevorstehende Vulkanausbrüche hinwiesen, sind sie auch im Hinblick auf Gesundheitsstörungen sensible Warner. In Korea hat man Hunde darauf trainiert zu erschnüffeln, ob ein Mensch an Krebs erkrankt ist. Falls Züchtung und Ausbildung dieser Hunde achtsam und tiergerecht organisiert wird, ließe sich dieser Dienst am Menschen ausbauen und könnte viel mehr bringen, als Tiere zur Drogenfahndung einzusetzen. Mein Großvater hatte noch den Anspruch an sich selbst als Arzt, den Patienten ihre Krankheitsbilder anzusehen und sie auch riechen zu können. Über den Umweg von Tieren könnten vielleicht auch heute Ärzte wieder einfühlsamer, fähiger und intuitiver werden. Dieses *tierische* Wunder, dass Hunde so rasch an fremden Patienten Tumore (er-)schnüffeln können, sollten wir jedenfalls dankbar in Anspruch nehmen. Und dass nicht nur Hunde, sondern auch andere (Haus-)Tiere Krebs bekommen und damit ein Wachstumsproblem »ihrer Menschen« widerspiegeln, halte ich im Übrigen inzwischen für höchst wahrscheinlich und durch Beispiele wie die im folgenden Buch gut belegt.

Delfine

Einen ähnlich hoch zu schätzenden und bemerkenswert intensiven therapeutischen Einfluss üben Delfine aus. Warum die Therapie mit Delfinen so positive Auswirkungen besonders auf Kinder und unser inneres Kind hat, lässt sich noch nicht wissenschaftlich erklären. Für all diejenigen, die sie schon (mit-)erleben durften, steht aber außer Zweifel, dass sie ein Gewinn ist. Besonders bei Behinderten wie Autisten und Kindern mit Down-Syndrom ist der hilfreiche Effekt des Kontakts mit Delfinen unverkennbar. Möglicherweise liegt es an der ungeteilten Wertschätzung, die Delfine diesen Menschen entgegenbringen, was unsere sonst herrschende soziale Rangordnung genau auf den Kopf stellt. Delfine scheinen behinderte Kinder zu bevorzugen und Mädchen vor Jungen, Schwangere vor anderen Frauen und diese vor Männern. Ziemlich abgeschlagen in ihrer Wertschätzung rangieren jene kopflastigen Männer, die in unserer Welt heute das Sagen haben. Wahrscheinlich bevorzugen Delfine Menschen mit weniger starker Ego-Entwicklung. Diese ist bei Autisten und Kindern mit Down-Syndrom sicher minimal vorhanden, bei Schwangeren zurückgenommen und bei männlichen Verstandesmenschen am ausgeprägtesten.

Delfine gehören mit ihrem relativ großen und differenzierten Gehirn zu den hochintelligenten Lebewesen. Doch im Zuge der Evolution haben sie sich offenbar für einen nichtintellektuellen Weg entschieden, als sie in unser aller ursprüngliche Wasserheimat zurückkehrten, wo sie sich vor allem der Lebensfreude hingeben. So oft habe ich erlebt, wie Delfine offenkundig aus Spaß die Nähe von Menschen beziehungsweise die Bugwelle von deren Booten suchten, um darin zu spielen. Sie springen übermütig aus dem Wasser, auch ohne Zuschauer und Aussicht auf Belohnung, spielen in den Wellen wie Surfer und genießen dies alles anscheinend aus reiner Daseinsfreude. In der Regel haben sie keinerlei Probleme, genug Nahrung zu finden, und lassen sich in Freiheit auch gar nicht gern mit toten Fischen füttern. Das haben sie – außer in Gefangenschaft – schlicht nicht nötig. Ihr Beziehungsleben ist wohl vollkommen frei, sie machen in Paaren und kleinen Gruppen Liebe und manchmal auch in größeren, wobei sie im Hautkontakt miteinander schwimmen und auch bei Menschen orgiastische Erfahrungen auslösen können.

Einmal bin ich mit einem Freund in solch eine spielende Gruppe von über zwanzig Delfinen geraten, und sie ließen uns bereitwillig dabeisein, während sie sich amüsierten – vielleicht auch über uns beide, die wir kurzatmig und behindert auf sie wirken mussten. Mein Freund und ich sind zwar beide gute Schwimmer und Taucher, aber unter Delfinen doch nur armselige Behinderte im Seelenreich der Wasserwelten. Jedenfalls hat es etwas ungemein Berührendes, wenn freie, wilde Delfine den Kontakt aufnehmen und einen in ihrem Reich akzeptieren und an ihrer Lebensfreude teilhaben lassen. Bei behinderten Kindern hat eine Begegnung mit Delfinen schon häufig echte Entwicklungsschritte ausgelöst, als würde diese Erfahrung ihnen neue Lebenslust und Wachstumsfreude schenken.

Delfine sind uns so nahe, und so viele mögen sie so gern, dass es mit ihnen besonders leichtfällt, sie als Seelenwesen und -partner zu erkennen und ihre Nähe zu suchen. Hier erleben viele den Seelen-Spiegel-Effekt auch umgekehrt, denn Delfine bringen uns in (gute) Stimmung, schon mit dem scheinbar strahlend breiten Lächeln, das ihnen Mutter Natur auf Dauer ins Gesicht gezaubert hat.

Pferde

In ähnlicher Weise sehr positiv auf behinderte und andere Kinder wirkt die Reittherapie mit speziell ausgebildeten Pferden; nur leider wird sie noch viel zu wenig genutzt. Im Gegensatz zu menschlichen Therapeuten sind Pferde von dieser Arbeit auch selten erschöpft oder frustriert. Sie sind einfach da für ihre Patienten und scheinen an der heilsamen Begegnung Freude zu haben und sie jedenfalls nicht als Last zu empfinden. Ich habe selbst erlebt, wie sogar Pferde, die gar nicht für die Reittherapie ausgebildet waren, ein verblüffendes Feingefühl gegenüber Kindern und speziell behinderten Menschen entwickelten. Es hat mir gezeigt, wie sensibel sie auf die Seelenlage jener eingehen können, die zu ihnen kommen und sich mit ihnen beschäftigen.

Als wir eine Zeit lang zwei Pferde zu Besuch auf

den Wiesen des Heil-Kunde-Zentrums in Johanniskirchen hatten, erstaunte uns Duplo, ein ziemlich raffiniertes, um nicht zu sagen hinterhältiges Pony. So hochgewachsen wie ein Pferd und noch verspielter als kleine Ponys, waren seine Methoden mehr als kreativ, auch gute Reiter schnell wieder loszuwerden. Aber sobald Naomi, meine Mongi-Tochter, auf ihm saß, wurde Duplo lammfromm. Zuerst hatten wir uns gar nicht an dieses Reitprojekt herangetraut, aber da Naomi wollte und Duplo offensichtlich nichts dagegen hatte, wagten wir es schließlich – zuerst mit mir zusammen und sehr vorsichtig im Schritt. Ich merkte sofort, wie dieses eigensinnige Pony, das offenbar Spaß daran hatte, seine Kräfte mit mir als alleinigem Reiter zu messen, sich auf ein ganz anderes, nunmehr rücksichtsvolles und geradezu liebevolles Programm einstellte, sobald Naomi dabei war. Das blieb auch mit Naomi als alleiniger Reiterin so, obwohl es für Duplo ein Kinderspiel gewesen wäre, sie im hohen Bogen abzuwerfen. Aber es war für dieses große freche und doch so sensible Pony offenbar eine Ehrensache, sich bei ihr kooperativ und sanft zu verhalten. Es war eben Duplo, eine Doppelnummer: Je nach Situation zeigte es eine andere Seite seines Charakters. Dabei bin ich weit davon entfernt, Duplo eine Spaltpersönlichkeit attestieren zu wollen. Das Pony spiegelte einfach in seinem Verhalten und Auftritt die Person auf seinem Rücken so perfekt und einfühlsam wider, dass es uns berührte und betroffen machte.

Wie gut Pferde-Medizin tut, illustriert auch eine andere Geschichte: Ein kleines Mädchen namens Mira war buchstäblich der Entwicklungsgeschwindigkeit von Mutter und Schwester nicht gewachsen, die beide ein recht verrücktes, ausgeflipptes Leben in verschiedenen Ländern genossen. Mira war dabei im wahrsten Sinne des Wortes »zurückgeblieben« im Sinne von Fortschrittsverweigerung. Da sie ausgesprochen kleinwüchsig war und sich auch in der Schule vor allem beim Schreiben nicht hervorgetan hatte, bescheinigte die Uniklinik eine Wachstumsstörung sowie später noch Legasthenie. Ihre schon geschlossenen Wachstumsfugen würden darauf hinweisen, dass sie sehr klein bleiben werde. Außerdem war Mira ganz dünn, weil sie weder Milch(produkte) noch Weizen vertrug, sodass vielen bei ihrem Anblick spontan der Gedanke an Magersucht kam. Dabei wollte Mira essen, konnte nur kaum etwas vertragen und behalten. Dank des persönlichen Engagements der Mutter und gegen den Willen der renommierten Klinik konnten schließlich diese schwerwiegenden Nahrungsunverträglichkeiten diagnostiziert und unter großem Aufwand bei der Essenszubereitung berücksichtigt werden. Im Sinne von *Krankheit als Symbol* deuteten diese beiden Allergien sowohl auf eine gestörte Mutter- als auch Vaterbeziehung hin.

In ihrem sterilen Zuhause – Tiere waren aus Rücksicht auf die Hygiene nicht erlaubt – fühlte Mira sich so unwohl wie in der Schule, die ihr keine Perspektiven auf irgendeinen Abschluss bot. Die Anamnese ergab eine generelle Lebens- und Wachstumsunlust. Das Einzige, was ihr Freude zu machen schien, waren ihre Reitstunden und vereinzelte Pferdeprüfungen – und allein der Gedanke an Frösche in einem Terrarium begeisterte sie. Die an sich lebenslustige und beruflich erfolgreiche Mutter war einerseits gestresst von dem großen Aufwand, der für die Zubereitung der geeigneten Kost betrieben werden musste. Auch war sie genervt von Miras Mangel an Lebensfreude und ihrer Unlust, angebotene Impulse aufzugreifen. Mira hatte wirklich auf fast nichts Lust, außer eben auf Tiere. Andererseits war die Mutter bereit, vieles zu versuchen und auf sich zu nehmen, damit es Mira besser ginge.

In dieser Situation kam es zu einem radikalen Wandel der Lebenssituation von Mutter und Tochter durch einen Umzug aufs Land sowie durch eine fundierte homöopathische Einzelmitteltherapie und letztlich durch die Anschaffung eines runden, dicken Kleinpferdes namens Isa. Mira war über den Umzug glücklich, über Isa natürlich überglücklich, und die Homöopathie tat ihre Wirkung. Eigentlich wollte Mira nur noch mit ihrem Pferd sein, und es sollte außer ihr auch niemand anderes reiten. Das gestaltete sich ein wenig schwierig, da ihre Mutter, eine ausgezeichnete Reiterin, und deren Partner auch gern ausritten. Isa war als sehr gutmütiger Norweger gekauft worden, schien aber Miras Unlust, ihr Pferd mit anderen Reitern zu teilen, sogleich zu spüren und sich zu eigen zu machen. Und so entwickelte Isa die Eigenart, außer Mira alle anderen, einschließlich der gutwilligen Reitlehrerin, abzuwerfen – und zwar jeden so, wie er es verdient hatte und gerade noch vertragen konnte: den einen im hohen Bogen, die andere mal so nebenbei im Schritt. Hauptsache, der Sattel war wieder frei für Mira, die im wahrsten Sinne des Wortes immer mehr mit Isa zusammenwuchs. Während diese vor allem in die Breite ging, wuchs Mira den ärztlichen Prognosen zum Trotz außerdem in die Höhe und überbot diesbezüglich alle Erwartungen. Mira und Isa nahmen manches Hindernis und wuchsen über sich hinaus. Konkret bestanden sie Reitprüfungen, und man konnte sich des Eindrucks nicht erwehren, dass Mira sozusagen um eine Pferdegröße zugelegt hatte, während die beiden im wahrsten Sinne des Wortes ein Herz und eine Seele wurden.

Nachdem es sich schon bewährt hatte, die schulmedizinischen Diagnosen der Uniklinik zu ignorieren und einfach trotzdem zu wachsen, geschah es ähnlich mit der prognostizierten Lernunfähigkeit und anderen Entwicklungshemmnissen. Mira legte, vor allem auch mit Hilfe der Homöopathie, eine Nahrungsunverträglichkeit nach der anderen ab, genoss das Essen und erlebte eine beeindruckend konstruktive Pubertät an Isas Seite. Man biss und fraß sich so durch und gewann in jeder Hinsicht an Gewicht, Isa mehr körperlich, Mira auch in ihrer Persönlichkeit. Als sie achtzehn wurde, bekam Mira gleichsam zur

Anerkennung noch ein kleines eigenes Auto, natürlich mit Anhängerkupplung wegen Isa.

Das eben noch kleinwüchsige, spindeldürre Persönchen hatte sich atemberaubend rasch entwickelt. Und es dauerte nicht lange, da zog Mira schon allein in die nächste große Stadt, was bisher ganz undenkbar schien. Sie fand eine WG und machte sich ans Lernen, bestand jetzt sogar Prüfungen mehrheitlich anstandslos. Bald war sogar die Mittlere Reife unter Dach und Fach, und Mira begann eine weitere noch anspruchsvollere Ausbildung. Isa konnte sie jetzt aber nur an den Wochenenden besuchen, was für beide offenkundig nicht durchzustehen war, und folglich entwickelte Isa Hufrehe (Laminitis), eine Krankheit der Hufe. Es zeigte an, dass das Pferd nicht mehr den richtigen Boden unter den Füßen hatte und einfach nicht am richtigen Platz war.

Mira wollte Isa wohl schon lange zu sich in die Stadt holen, nur war die Pferdepension dort viel teurer als auf dem Land. Aber nun konnte die Mutter die Notwendigkeit natürlich auch besser einsehen, dass die Tochter und ihr Pferd sich auch räumlich ganz nahe sein mussten. Alle hatten sich nämlich bisher geweigert zu verstehen, warum dieser gute Stall auf dem Land plötzlich für die zarten Hufe von Isa gänzlich ungeeignet sein sollte und die bisherige Pferdepflege völlig ungenügend. Schließlich wurde ein neuer Platz für das Pferd in der Stadt gefunden, und Isas Gesundung sowie Miras Fortschritten stand nichts mehr im Weg.

Als Mira aber in die Krise ihres Lebens kam wegen Sorgen und Prüfungen und vielem anderen, reagierte Isa mit einer schweren und wirklich lebensbedrohlichen Lungenentzündung, die die Kommunikationsstörung ihrer Besitzerin verkörperte. Jetzt pflegte Mira, die glaubte, für Isas Krankheit verantwortlich zu sein, oder intuitiv ahnte, damit in Beziehung zu stehen, sie aufopferungsvoll. Und wundervollerweise wurde Isa wieder gesund. Mira schaffte ihre Ausbildung und nebenbei noch die staatliche Reifeprüfung, und heute sind alle beide, Pferd und junge Frau, wirklich so viel reifer.

Sich gemeinsam entwickeln, statt auf Kosten der Tiere leben

Schweine haben eine so feine Nase, dass sie wie Hunde Trüffel tief unter der Erde erschnüffeln. Mit Sicherheit könnten Schweine ebenso wie Hunde für die Krebserkennung trainiert werden, um so Ärzte wesentlich zu unterstützen. Das wäre noch viel wichtiger, als sie im medizinischen Bereich wegen ihrer Herzklappen ab- oder auszuschlachten. Eigentlich müsste jedem, der solch eine Herzklappenspende annimmt, klar sein, dass das Tier daran und für ihn gestorben ist. Aber natürlich sterben Schweine ja sowieso massenweise für uns – sechzig Millionen jährlich allein für deutsche Schweinefleischkonsumenten, wovon dann noch fünfzehn Millionen einfach weggeworfen werden. So kommt es scheinbar auf die eine Herzklappe nicht an, und man nimmt sie sich ganz selbstverständlich. Für das Herz des Empfängers allerdings kommt es immer darauf an, und fraglich ist, wie er im übertragenen Sinn damit umgeht, dass für ihn dieses Opfer erbracht wurde.

Essen Menschen mit der Herzklappe eines Schweines weiterhin Schweinefleisch? Sehr Unbewusste wahrscheinlich sogar mit gutem Appetit.

Wir bedienen uns nur allzu oft der Tiere auf gedanken- und lieblose, oft sogar brutale Art und Weise. Wir nutzen sie aus. Dabei sind Tiere uns als Helfer nahe und bereit, für uns Opfer zu bringen. Aber viel wichtiger als konkret auf materieller Ebene können Tiere uns, wie schon mehrfach betont, auf Seelenebene helfen, und zwar indem sie Zuneigung und Liebe vermitteln und uns zu ebensolchem Verhalten *animi*eren, was ja nichts anderes als beseelen heißt. Möglicherweise stoßen wir hier auf einen weiteren – wissenschaftlich noch nicht erforschten – Grund, warum es Tierbesitzern so viel besser geht als Erwachsenen ohne Tiere und Kindern mit Tieren so viel besser als Kindern ohne »Tierverbündete«.

Wir könnten all die Möglichkeiten des Miteinanders von Mensch und Tier noch in der Weise ausbauen, dass wir uns mit ihnen gemeinsam entwickeln, unserer und der Seele der Tiere zuliebe. Dies ist möglich, denn Tiere suchen auch die Nähe des Menschen. Maharishi, der Guru der Beatles, warnte uns sogar davor, mit Tieren zu meditieren, weil sie sich von uns Energie nähmen – für ihre eigene Entwicklung. Wie viel schöner ist es, diesen Gedanken umzukehren und mit Tieren zu meditieren, um gemeinsam zu wachsen.

Geistheilung ist ein Bereich, bei dem wir sowohl die Nähe als auch die Verbindung zu Tieren sehr deutlich spüren. Das heißt, wenn wir Schwingungen übermitteln, wie es bei Reiki geschieht, das eigentlich nichts anderes als Handauflegen ist, oder beim Segnen oder Deeksha (Sanskrit: *diksha* = Initiation, Energieübertragung). Während diesbezüglich weniger Begabte wie ich bei Menschen kaum rasche und konkrete Ergebnisse erzielen, konnte ich beobachten, dass es mir bei Tieren sehr viel besser gelingt. Von unseren Katzen erwischte, mehr oder weniger schwer verletzte Vögel reagieren verblüffend rasch auf eine solche Energieübertragung und erholen sich wieder oder sterben friedlich. In jedem Fall lässt sich ganz deutlich wahrnehmen, wie das kleine Herz sogleich zur Ruhe kommt – auf die eine oder andere Weise. Bei Haustieren kann man auch erleben, wie sie entsprechende Behandlungen regelrecht suchen. Die Ergebnisse solcher Aktionen sind für mich deutlich klarer und überzeugender – möglicherweise weil bei Tieren das Ego nicht dazwischenfunkt und so auch bei demjenigen, der Heilenergie übermittelt, nicht solch eine Rolle spielt. Jedenfalls wollen sich spirituell Suchende immer möglichst viel in der Nähe verwirklichter Menschen aufhalten, die ihr Ego überwunden oder aufgegeben haben. Im indischen Ashram in Golden City ließen wir uns allabendlich von sogenannten Cosmic Beings, die den ganzen Tag nur meditierten, in die Arme nehmen und lange halten in der Hoffnung, es möge etwas abfärben auf uns oder herüberfließen zu uns.

Tiere jedenfalls haben von vornherein kein oder wenig Ego entwickelt. Ihre Nähe kann uns ebenso verzaubern und in einen egofreien Raum führen, um in den Augenblick einzutauchen. Genau das ist – im Kleinen – die Erfahrung, wenn man sich auf ein Tier einlässt und mit ihm spielt. Insofern sind Tiere auf dem spirituellen Weg keine Behinderung, sondern im Gegenteil eine echte Hilfe, sich dem egofreien Erleben des Hier und Jetzt zu öffnen.

Vor diesem Hintergrund ist auch *Peace Food* zu verstehen. *Peace Food* meint pflanzlich-vollwertige Ernährung – ohne Tierprotein und damit praktisch vegan –, deren Vorzüge wissenschaftlich belegt sind. Nach nun fünfundvierzig Jahren vegetarischem und sieben Jahren veganem Leben sammelt, vor allem meine Partnerin, aber auch ich, eigenartige und berührende Erfahrungen mit freilebenden Tieren in der Natur. Sie nähern sich uns manchmal ganz zutraulich und freiwillig, wenn wir draußen meditieren. Schaut uns dann ein Marder oder Iltis zu, oder hoppelt ein Hase herbei, setzt sich ein Vogel aufs

Knie, oder legen Schmetterlinge und Libellen Zwischenstation auf uns ein, macht das etwas mit uns. Einerseits könnten sie sich entsprechend der zitierten Aussage von Maharishi Energie holen wollen; das wäre das Modell, wie wir es ganz konkret von Mücken gewohnt sind. Andererseits zeigen sie weniger Scheu als früher und trauen sich ganz nah heran. Die Erfahrung ist tatsächlich zu Herzen gehend. Offensichtlich verlieren Tiere ihre Angst vor uns Menschen, wenn wir sie nicht mehr bedrohen und keine bedrohlichen Schwingungen mehr ausstrahlen. Diese Erfahrung ist allerdings nicht neu. Bei den Bishnoi, einem Volk im Norden Indiens, wird seit Jahrhunderten auf besondere Weise ein friedliches Zusammenleben zwischen Mensch und Tier praktiziert, sodass wilde Antilopen regelmäßig auf dem Dorfplatz zum Spielen mit den Kindern empfinden.

Vielleicht suchen freilebende Tiere diese Verbindung aber auch, um uns ihre Seelennähe zu zeigen, sie uns fühlen zu lassen und dieses Glück mit uns zu teilen. Solche Erfahrungen berühren uns noch mehr auf Seelenebene als das spektakuläre Schwimmen mit wilden Delfinen. So werden diese Erfahrungen einerseits zum Maß der eigenen Friedfertigkeit, andererseits aber auch zu einer überwältigenden Erfahrung der Verbundenheit mit allem Leben. Wir sind letztlich alle eins, und die Erfahrung dieses Zustandes, ob in der Meditation oder in anderen Zusammenhängen, ist mit nichts anderem zu vergleichen. Tiere können sie uns ermöglichen, wenn wir die Weichen in der Ernährung richtig stellen. Und Tiere wollen offenbar mit dem Zustand, den wir über Meditation verwirklichen, eins werden – ein Zustand frei von Ego und ganz hingegeben an den Augenblick, in der eigenen Mitte ruhend. All das ist für Tiere natürlich und selbstverständlich. Insofern können sie uns auch hier eher helfen, statt uns zu hindern. Genau das war bei all diesen Erfahrungen der letzten Zeit mein ganz deutliches Empfinden.

Die Zeit ist reif für den nächsten Schritt

In den letzten Jahren und seit ich den Ernährungswissenschaftler Professor Colin Campbell kennen lernen durfte und davor schon sein Buch[3], war das Thema Tiere wieder mehr in den Vordergrund meines Lebens und Arbeitens geraten. Mit der Idee zu *Peace Food* hatte ich erstmals die Chance gefühlt und dann ergriffen, etwas in wirklich größerem Maßstab für den Menschen zu bewegen und dabei – über den Umweg der menschlichen Gesundheit und einer pflanzlich-vollwertigen Ernährung – den Tie-

3 T. Colin Campbell: *China Study. Die wissenschaftliche Begründung für eine vegane Ernährungsweise*. Bad Kötzting, 2. Aufl. 2011.

ren substanziell zu helfen. *Peace Food* heißt das Buch, weil es Frieden stiften will zwischen Körper und Seele im Menschen und unter den Menschen – den Reichen bei uns und den Armen in den Hungerländern, zwischen uns und unserer Umwelt und endlich auch zwischen Menschen und Tieren.

Frieden kann es in der Welt erst geben, wenn wir in den reichen Ländern uns eines Besseren besinnen, als unsere »Nutztiere« mit der Nahrung der Armen zu füttern, wenn wir aufhören, auf Kosten anderer und der Umwelt zu leben und uns mehr zu nehmen, als uns und allen zusteht, letztlich wohl erst, wenn wir aufhören, Tiere zu essen, und uns mehr in die Seele der Wesen einfühlen – und da käme niemand besser in Frage als unsere Seelentiere. Dieser letzte Punkt ist auch die Brücke zwischen dem angestrebten äußeren Frieden und dem inneren. Innerer Frieden wird – wie uns die moderne Ernährungsforschung nun aufzeigt – auch erst möglich, wenn wir unserer Seele erlauben, in Frieden mit unserem Körperhaus zu leben, und unseren Organismus nicht ständig mit Kämpfen seines Immunsystems belasten, mit Krieg in seinen Gefäßen und Organen quälen, wie es durch den Konsum von Tierprotein unausgesetzt geschieht. Insofern ergibt sich hier eine riesengroße Chance: Psychosomatik, als Verbindung von Seele und Körper, von Seelenheil im Sinne von *Krankheit als Symbol* und einer Ernährung, die den großen Geißeln der Menschheit das Terrain entzieht.

Als mir Irmgard Baumgartner gerade in dieser Zeit

großer Hoffnung die ersten Fallgeschichten ihrer vierbeinigen Patienten schickte, die so sehr mit meinem psychosomatischen Ansatz übereinstimmen, spürte ich, dass die Zeit reif ist, der unübersehbaren Verbindung zwischen den Seelenkräften von Menschen und Tieren zu größerer Aufmerksamkeit zu verhelfen. Und meine Art, Aufmerksamkeit zu erregen und auf mir wichtig erscheinende Themen hinzuweisen, ist vor allem das Publizieren von Büchern.

Als Homöopathin und Tierärztin hat Irmgard Baumgartner letztlich Krankheit auch als Sprache der Tierseele bestätigt, wie wir vor vielen Jahrzehnten *Krankheit als Sprache der Seele* und später auch als *Sprache der Kinderseele*. Der Schritt auf die Tiere zu und die Darstellung ihrer besonderen Rolle für uns sind jetzt geboten und sogar überfällig. Es freut mich sehr, dass wir uns nun diesem Thema widmen, und ich hoffe, dass all die Tierbesitzer, die mich in den vergangenen Jahrzehnten um Deutungen für die Symptome ihrer Haustiere fragten, diese Chance annehmen und die Konsequenzen daraus ziehen. Wenn mir ein Tier tatsächlich Aufgaben abnimmt und in seinem Körper Konflikte für mich ausdrückt, die meine Seele nicht bewältigen kann, vor denen mein Bewusstsein zurückgeschreckt ist, so muss ich diesem Tier und allen Tieren eine Seele zusprechen und mit ihr zusammenarbeiten. Ist dieser Schritt geschafft, ist es nicht mehr weit zu dem Entschluss, andere Seelenwesen nicht zu quälen und nicht mehr quälen zu lassen. Dann wird man konsequenterweise auch aufhören, Tiere zu essen, und sich zu *Peace Food*, einer Ernährung für den Frieden, bekennen. Würden wir das schaffen und alle Haustierhalter und Tierfreunde sich so für ein Leben in Frieden entscheiden, wäre enorm viel gewonnen, und Tiere könnten wirklich unsere Schwestern und Brüder werden.

Mit dem sensiblen Zugang der Homöopathin, die sich natürlich für den ganzen Patienten interessiert, wie es allen guten Homöopathen eigen ist, hat Irmgard Baumgartner es leichter gehabt, beim Tier die seelischen Bezüge zu sehen. Das ganze Tier hat ihre Aufmerksamkeit bekommen und damit auch dessen Seele; so war es für sie nicht zu übersehen, wie eng jeweils die Tierseele mit der Seele des Menschen, dem dieses Tier gehört, verbunden ist. Mit diesem Ansatz hat sie Tierfreunden und -besitzern die ganze Welt der Krankheitsbilder-Deutung erschlossen. Tatsächlich sind Tiere uns in ihrer Körperlichkeit viel ähnlicher, als es die so unterschiedliche äußere Gestalt vermuten lässt. Die Organe eines Schweines sind unseren so ähnlich, weshalb wir als Studenten an ihnen gelernt haben. Der Unterschied im Erbgut zwischen Schimpansen und Menschen beträgt weniger als zwei Prozent, anders gesagt entsprechen wir zu gut achtundneunzig Prozent einander genetisch. Dies ist auch nicht weiter verwunderlich, da die Evolution das heutige Leben von gemeinsamen Wurzeln aus entwickelt hat. Auf der anatomisch-physiologischen Ebene sind die Entsprechungen zwischen uns und anderen Säugetieren nicht zu übersehen.

Wenn wir seelisch mit Tieren im Zusammenleben in so nahe Beziehung treten wie manchmal mit Kindern, ist es auch keineswegs erstaunlich, wenn sich deutliche seelische Übereinstimmungen ergeben. Bezüglich der Parallelität in der Kleintierpraxis hat Irmgard Baumgartner das nun maßgeblich belegt, und dafür danke ich ihr sehr wie auch für ihr Vertrauen und das der Besitzer ihrer Patienten, die ihre Geschichten so authentisch übermittelten.

Bereits in der Vergangenheit war einer Tierärztin, die an meiner Psychosomatik-Ausbildung »Archetypische Medizin« (heute »Integrale Medizin«) teilgenommen hatte, aufgefallen, wie sehr die Besitzer der ihr präsentierten Haustiere die eigentlich Kranken waren. Sie entschloss sich deshalb, einen Schritt in Richtung Ursache zu machen, wurde Heilpraktikerin und behandelt nunmehr die Menschen als Quelle des Übels direkt und psychosomatisch. Irmgard Baumgartner danke ich dafür, dass sie bei der Tierheilkunde blieb und die engen Bezüge zwischen Tieren und »ihren« Menschen mittels ihrer Patientengeschichten dokumentierte.

Krankheit als Symbol, das kürzlich nochmals überarbeitete und nun auf fast achthundert Seiten angewachsene Nachschlagewerk für die seelische Bedeutung Tausender von Symptomen, lässt sich somit ganz analog für die Symptome von Haustieren und jedenfalls von Tieren mit großer Nähe zu Menschen nutzen. Die Krankheitsbilder der Tiere werden damit zu Deutungsvorlagen für die Aufgaben ihrer Menschen.

Da mittlerweile viele weitere Bücher der Krankheitsbilder-Deutung zur Verfügung stehen (siehe dazu das Literaturverzeichnis im Anhang), haben die Fallgeschichten aus Irmgard Baumgartners Praxis ein weites Reich von Möglichkeiten erschlossen, die eigene Thematik zu erforschen. Beispielsweise sind das Aggressionsthema und damit all die Entzündungen, Allergien und Autoaggressionskrankheiten bis hin zur Impfproblematik in *Aggression als Chance* dargestellt, die Krankheitsbilder des Weiblichen in *Frauen-Heil-Kunde* und so weiter. Natürlich mag es etwas merkwürdig erscheinen, die Eierstockzysten der eigenen Hündin in einem Buch mit dem Titel *Frauen-Heil-Kunde* nachzulesen; aber der Titel ist schon das Merkwürdigste, die Deutungen sind gar nicht schwer zu übertragen. Vor diesem Hintergrund muss das vorliegende Buch über die Spiegelfunktion der Tiere auch gar nicht so umfangreich und ausführlich sein, sondern kann klein und fein als Türöffner dienen und seinen Weg zu den Tiereltern finden und von diesen zu ihren Schutzbefohlenen und deren Symptomen, die in ihrer Bedeutung uns wiederum auf die Sprünge helfen können.

Teil 2

Irmgard Baumgartner
Ein neuer Blick auf Krankheit und Gesundheit bei Haustieren

Mein Weg als Tierärztin

In meinen vielen Begegnungen mit kranken Haustieren bekam ich nicht selten den Eindruck, als habe das Tier mir seinen Besitzer in meine Praxis gebracht und nicht umgekehrt. Lange verstand ich nicht, dass meine Wahrnehmung richtig war: Nicht das Tier, sondern der Mensch befand sich in Not. Daraufhin habe ich versucht, dem Phänomen auf den Grund zu gehen, und dieses Buch spiegelt meinen damit verbundenen Bewusstwerdungsprozess und neuen Ansatz in der tiermedizinischen Behandlungspraxis wider. So kann ich hier anhand einiger sehr eindrücklicher Fallbeispiele aus meinem Praxisalltag zeigen, wie eng die Erkrankung eines Haustieres mit der Lebenssituation seines Besitzers in Verbindung steht.

Angeregt durch meine Beobachtungen während der Sprechstunden setzte ich mich mit Beiträgen von Fachleuten aus Physik, Psychologie und Biologie auseinander, um nach Erklärungen zu Ursachen und Hintergründen für jene besondere Interaktion zwischen Mensch und Tier zu forschen. Auf diesem Weg kristallisierte sich allmählich eine Gewissheit darüber heraus, dass wir es mit einem auf viele Bereiche unseres Lebens übergreifenden Phänomen zu tun haben: Nicht nur der Tierhalter und sein Haustier, sondern die gesamte belebte und unbelebte Natur sind auf das Innigste miteinander verbunden und stehen in wechselseitiger Abhängigkeit zueinander. Die Wechselwirkungen, die ich bei meinen Patientenbesitzern und meinen Patienten auch aktuell beobachte, sind also nur ein Teilaspekt einer viel größeren Wirklichkeit. Was sich im Kleinen zwischen Tierhalter und seinem Haustier ereignet, spielt sich ebenso im Großen zwischen der Menschheit und dem Ökosystem ab. Die meisten Zeitgenossen und speziell die meisten Verantwortlichen in Politik, Wirtschaft und Wissenschaft sind sich dieser Zusammenhänge nicht bewusst. Doch ist heute ein entsprechender Bewusstwerdungsprozess notwendig, zu dem ich mit der Aufarbeitung meiner Erfahrungen mit meinen Tierpatienten und den dazugehörigen Menschen hoffentlich einen sinnvollen Beitrag leisten kann.

Ich selbst bin zusammen mit Tieren aufgewachsen. Auf dem elterlichen Bauernhof hat mir vor allem mein Großvater eine große Liebe zu den Tieren vorgelebt. Er hat mich gelehrt, dass diese Geschöpfe unseren Lebensunterhalt sichern und wir ihnen deshalb ein hohes Maß an Wohlwollen sowie Fürsorge und vor allem Dankbarkeit entgegenbringen sollten. Ein Ereignis, an das ich mich noch sehr gut zurückerinnern kann, ließ mich seine tiefe Dankbarkeit und Verbundenheit zu den Tieren sehr deutlich spüren: Ich stand mit im Stall, als der Viehhändler das letzte verbliebene Arbeitspferd meines Großvaters zum Schlachten abholte. Mein Großvater begann plötzlich neben mir bitterlich zu weinen und bedankte sich mit liebevollen Worten bei dem Tier für seine treuen Dienste. Ich konnte damals seinen Schmerz sehr gut verstehen und hatte deshalb zum Trost meine Hand in die seine gelegt.

Auch ich war dankbar für die Tiere, denn sie waren in meiner Kindheit für mich sehr wichtige Gefährten. Ich konnte mit ihnen spielen und kommunizieren. Ich führte oft sehr eindringliche Gespräche mit den Kühen, den Kälbern, den Schweinen und den Katzen. Es gab keinen Zweifel für meinen kindlichen Geist, dass die Tiere mir zuhörten und mir auch sinnvolle »Antworten« auf meine ernst gemeinten Fragen gaben. Es schien mir damals so, als sei für die Tiere – im Gegensatz zu den Menschen – die Welt völlig in Ordnung. Ich konnte mich in diese friedliche Grundstimmung sehr gut hineinversetzen und fühlte mich deshalb zu den Tieren stark hingezogen. Später verlor sich diese Art des Austauschs. Ich spürte zwar weiterhin eine tiefe Verbindung zu den Tieren, aber sie stand auf einem ganz anderen Fundament.

Während meiner Ausbildung zur Tierärztin wurde ich mit Massentierhaltung, Schlachthofalltag und Tierversuchen konfrontiert. Entgegen den nüchtern-rationalen, an bestimmten Sachverhalten orientierten Erklärungen zuständiger Verantwortlicher, die das jeweilige Vorgehen rechtfertigen sollten, bin ich mir nach wie vor sicher, dass das, was dort geschieht, sehr oft Unrecht ist. Es fehlt dem Menschen an Ehrfurcht vor dem Leben, und es fehlt ihm häufig ein natürliches Mitgefühl für die leidende Kreatur. Ich weiß auch, dass diese Tiere sich selbst nicht helfen können und dass deshalb nur unsere Vernunft, unsere Empathie und letztendlich nur unsere Bereitschaft, unser Konsumverhalten zu verändern, die Situation dieser Geschöpfe verbessern kann.

In meiner späteren Arbeit mit kranken Haustieren bekam ich wie gesagt mit der Zeit immer mehr den Eindruck, dass die Erkrankung eines Haustieres kein vom Tierhalter isoliert stattfindendes Geschehen ist. Aus dieser Wahrnehmung heraus entstand mein Bedürfnis, das erkrankte Haustier ganzheitlich zu unterstützen. Ich begann, mich in klassischer Homöopathie fortzubilden. Dabei lernte ich ein Verständnis von Gesundheit und Krankheit kennen, das meinen eigenen Vorstellungen, die ich allerdings während meiner Studienzeit weitgehend verdrängt hatte, viel mehr entsprach. In der Folge setzte ich in meiner Praxis verstärkt homöopathische Arzneimittel ein. Es führte schließlich dazu, dass ich meine zur damaligen Zeit noch weitgehend schulmedizinisch ausgerichtete Kleintierpraxis verkaufte.

Ein Jahr später ließ ich mich als ausschließlich klassisch homöopathisch alternativ arbeitende Therapeutin für Haustiere nieder. Als Homöopathin führe ich mit den Tierhaltern umfassende Fallbesprechungen durch, die ich zur besseren Beurteilung der Gemütssymptome des Tierpatienten im Rahmen eines Hausbesuchs abhalte. Innerhalb dieser entspannteren Situation haben mir viele Patientenbesitzer ihre ganz persönliche Geschichte anvertraut. Dabei hat sich meine bis dahin immer noch diffuse Wahrnehmung der Zusammenhänge allmählich in ein tiefes Wissen verwandelt: Haustiere entwickeln Krankheitsbilder, die, psychosomatisch betrachtet, das geistig-psychische Befinden des Tierhalters widerspiegeln. Das Tier fügt sich in die Lebenssituation seines Besitzers ein und wird dabei im Verlauf oder am Höhepunkt von dessen Lebenskrise nicht selten krank. Lebenskrise meint hier eine Phase, in der ein Mensch einen inneren Prozess durchläuft, der stark auf eine Lösung drängt, zum Beispiel eine schwere Entscheidung, eine Beziehungskrise, Schwierigkeiten am Arbeitsplatz, eine körperliche oder psychische Erkrankung oder ein schwerer Schicksalsschlag.

Ich möchte an dieser Stelle noch anmerken, dass sich die folgenden Fallbeispiele auf die kleinen Haustiere, Hund und Katze, beziehen. Auf die sogenannten Nutztiere gehe ich hier nur kurz ein. Ich werde in naher Zukunft die aktuelle Situation dieser Tiere in einer gesonderten Veröffentlichung betrachten.

Gesundheit, Krankheit und Heilung ganzheitlich gesehen

Was ist die tiefste Wurzel einer Erkrankung? Das war eine der Fragen, mit der ich mich als Tierärztin sehr viel beschäftigt habe. Ich konnte mich nie mit den gängigen Antworten, die wir Mediziner im Begriff der Ätiologie zusammenfassen, zufriedengeben und suchte immer nach einer fundamentalen Kausalität. Das heißt, ich wollte mit meiner Therapie nicht an den Folgeerscheinungen eines Auslösers, sondern am Auslöser selbst ansetzen.

Mit einem Gesundheitsbegriff, der sich lediglich auf die Nichtanwesenheit von körperlichen Krankheitssymptomen beschränkt, konnte ich mich außerdem nie ernsthaft anfreunden. Gesundheit ist für mich ein wesentlich umfassenderer Zustand. Zu ihm gehören neben körperlicher Beschwerdefreiheit ebenfalls emotionale Ausgeglichenheit und geistige Freiheit; sie bilden ein Ganzes. Ein wirklich gesundes Individuum ist wie ein großes Gemälde, in dem alle Farben, das heißt Körper, Seele und Geist, fein aufeinander abgestimmt sind und miteinander harmonieren.

Ich erinnere mich an einen Gastvortrag eines Humanmediziners an der tierärztlichen Fakultät in München, der sich auf dem Gebiet der Traditionellen

Chinesischen Medizin (TCM) fortbildete. Der Arzt hatte sich für diesen Zweck auch mehrere Jahre lang in China aufgehalten. Uns wissbegierigen Studenten berichtete er, dass dort Menschen vielfach bereits dann einen Arzt konsultierten, wenn sie schlecht träumten. Dieser sensible Umgang mit dem Thema Gesundheit hinterließ damals bei mir einen bleibenden Eindruck.

Als niedergelassene Tierärztin für Kleintiere nahm ich später an meinen eigenen Patienten wahr, dass die Entstehung einer Krankheit ein sehr komplexes Geschehen ist. Wenn ich mir die Zeit für eine sehr ausführliche Anamnese nehmen konnte, erfuhr ich oft von den Tierhaltern, dass sich vor dem Ausbruch der Erkrankung Veränderungen im Lebensumfeld des Tieres ereignet hatten. Die Besitzer berichteten mir zum Beispiel von einem Umzug, vom Auszug eines Familienmitglieds, von einer Scheidung, einer Kündigung, vom Tod eines Artgenossen oder auch von einem neu hinzugekommenen Tier in der Nachbarschaft. Ich begriff immer mehr, dass bei der Entstehung einer Krankheit die Begleitumstände eine sehr wichtige Rolle spielen. Oftmals hatte ich in meinen Sprechstunden den Eindruck, als sei ein Tier ein offener Kanal, der alle Eindrücke im Umfeld registriert und in sich aufnimmt.

Der Biologe Rupert Sheldrake hat sich neben seiner Arbeit an den morphischen oder formgebenden Feldern auch mit den telepathischen Fähigkeiten der

Tiere befasst.[4] Dabei ging er vor allem der Frage nach, wie es möglich ist, dass Hunde und Katzen schon im Vorfeld wahrnehmen können, wann ihr Herrchen oder Frauchen nach Hause kommt. In diesem Zusammenhang hat mich folgende Geschichte besonders berührt. Ein hellgrau getigerter Kater namens Whiskins sprang immer dann, wenn zu Hause das Telefon klingelte und der Tierhalter bei seiner Frau anrief, zum Apparat und versuchte, mit der Pfote nach dem Hörer zu angeln. Sehr oft gelang es ihm sogar, den Hörer von der Gabel zu schieben. Dann begrüßte Whiskins sein Herrchen immer mit einem lauten Miauen. Wenn jemand anders anrief, blieb der Kater beim Klingeln des Telefons jedoch völlig teilnahmslos.

Ich kann in diesem Zusammenhang auch von meinem eigenen Kater Fritz eine bemerkenswerte Geschichte erzählen. Fritz hatte immer außerordentlich viele Mäuse gefangen. Nach einem Umzug aber brachte er, obwohl er durchaus die Möglichkeiten dazu gehabt hätte, zwei Jahre lang keine einzige Maus mehr nach Hause. Eines Morgens erzählte ich in seiner Anwesenheit einer Freundin von diesem sonderbaren Phänomen. Danach ging ich aus dem Haus. Als ich am Nachmittag wieder heimkam,

---

4 Rupert Sheldrake: *Der siebte Sinn der Tiere. Warum Ihre Katze weiß, wann Sie nach Hause kommen, und andere bisher unerklärte Fähigkeiten der Tiere*. Bern, 1999.

lagen vier tote Mäuse im Wohnzimmer. Danach stellte Fritz. das Mäusefangen jedoch wieder ein. Vermutlich hatte er das Gespräch mit meiner Freundin als eine Art Beschwerde aufgefasst. Ich jedenfalls habe seit diesem Vorfall nie mehr wieder daran gezweifelt, dass mein Fritz in irgendeiner Form Zugang zu meinen Gedanken hat.

Sheldrake hat beobachtet, dass manche Tiere Intentionen und Gefühle von Menschen sogar über weite Entfernungen hinweg aufschnappen können. Offenbar sind sie telepathisch begabt und vermögen Informationen ohne Hilfe der »normalen« Sinnesorgane wahrzunehmen. Immer mehr drängte sich mir die Frage auf, ob nicht derartige Kommunikationswege bei der Krankheitsentstehung von Haustieren eine Rolle spielen. Hinzu kam, dass ich sowohl das Befinden des kranken Tieres, das gerade auf meinem Behandlungstisch saß, als auch das seines Begleiters immer mehr zu spüren begann. Ohne es direkt zu beabsichtigen, nahm ich mit sehr großer Klarheit wahr, dass die Krankheit des Tieres in irgendeiner Form mit dem menschlichen Begleiter in Verbindung stand. Ich konnte diesen nun häufiger auftretenden Sinneseindruck immer weniger verdrängen. Mit der Zeit entwickelte ich dazu sogar eine Art Hypothese, die ich aber nicht verifizieren konnte. Ich tappte im Dunkeln.

Auf der Suche nach der tiefsten Wurzel einer Erkrankung habe ich schließlich in der klassischen Homöopathie ein sehr überzeugendes Erklärungsmodell gefunden: Nach Samuel Hahnemann, dem Begründer der Homöopathie, liegt der Erkrankung eine verstimmte Lebenskraft zugrunde. Unter dem Begriff Lebenskraft verstand Hahnemann die dynamische Kraft, die den Unterschied zwischen einem Leichnam und einem lebendigen Wesen ausmacht. Diese Kraft oder Energie reguliert sämtliche Funktionen des Organismus. Die Lebenskraft kann nicht empirisch gemessen, sondern nur über ihre Wirkung wahrgenommen werden.

So wie die Krankheit selbst, beruht auch die Ursache der Erkrankung nach Hahnemann auf einer dynamischen Kraft. Georges Vithoulkas, einer der bedeutendsten Homöopathen unserer Zeit, spricht von Anti-Lebenskräften, die sich feindlich auf das Gleichgewicht des Individuums auswirken.[5] Dies können zum Beispiel übermäßiger Stress, ein Klimawechsel, eine Reise, eine Ernährungsumstellung, tiefer Kummer oder eine ungewöhnliche Anforderung sein. Im Zusammenhang mit meinen Beobachtungen am Behandlungstisch fragte ich mich natürlich, ob die Tierhalter selbst, das heißt ihre Gedanken und Gefühle, in der Lage sind, die Lebenskraft ihres Haustieres zu verstimmen.

Nach Hahnemann entwickelt sich eine Krankheit nur unter zwei Bedingungen: wenn beim Patienten

---

5 Georges Vithoulkas: *Homöopathie: Energiemedizin. Die Grundlagen der Homöopathie*. Buchendorf, 2011.

eine besondere Anfälligkeit vorliegt und wenn gleichzeitig eine Kraft wirkt, die das Gleichgewicht des Patienten aufhebt oder destabilisiert. Es geht bei einer homöopathischen Behandlung folglich nicht darum, Viren oder Bakterien abzutöten oder gezielt bestimmte Stoffwechselvorgänge zu beeinflussen, sondern allein darum, die verstimmte Lebenskraft wieder umzustimmen. Ist dies veranlasst, wird zum Beispiel im Fall einer Infektionskrankheit den schädlichen Mikroorganismen automatisch die Lebensgrundlage entzogen. Im Verständnis des Homöopathen ist also eine bakterielle oder virale Besiedlung nicht die Ursache der Erkrankung, sondern nur die Folge eines bereits vorhandenen Leidens, das wegen der verstimmten Lebenskraft zutage tritt.

Die verstimmte Lebenskraft kann nur durch ein Arzneimittel umgestimmt werden, das selbst in einen dynamisierten Energiezustand versetzt worden ist. Dies geschieht in der klassischen Homöopathie durch Verdünnung und Verschüttelung der Ursubstanzen (Potenzierung). Schlussendlich kann aber nur dasjenige homöopathische Arzneimittel den Patienten heilen, das beim Gesunden die Anzeichen hervorruft, die den Symptomen des Patienten am ähnlichsten kommen (Ähnlichkeitsgesetz). Man bezeichnet dieses Arzneimittel als Simile. Es ist Aufgabe des Therapeuten, das Simile über eine sogenannte Repertorisation ausfindig zu machen, das heißt durch einen Abgleich der Symptome des Patienten mit den im Repertorium (homöopathisches Nachschlagewerk) aufgelisteten. Dabei werden sowohl körperliche als auch psychische und geistige Symptome des Patienten beurteilt und einbezogen. Das Simile erkennt und begreift sozusagen die Krankheit in seinem vollen Umfang; schließlich hat der Patient Symptome entwickelt, die das Arzneimittel in ähnlicher Form beim Gesunden hervorrufen kann. Im weitesten Sinne finden also zwischen dem Simile und dem Erkrankten eine Begegnung und ein Austausch statt, bei denen das gesamte Wesen des Patienten berührt und begriffen wird. Heilung hat demnach sehr viel mit einem tiefen Verständnis für den Erkrankten zu tun. Meines Erachtens führt das Verstehen des Erkrankten zu seiner Heilung, und zwar vor allem über die seelische Ebene und nicht allein über die körperliche.

In der Tiermedizin spielen die materiellen Bedingungen und wirtschaftlichen Gesichtspunkte, unter denen die Tiere großgezogen und gehalten werden, eine außerordentlich wichtige Rolle. Doch ein Tier, das weder seiner Art entsprechend leben noch sein Wesen zur Entfaltung bringen kann, muss früher oder später krank werden. Als Studenten bekamen wir beispielsweise in den Klinikstunden oftmals Kälber mit stark wässrigen Durchfällen vorgestellt. Die Dozenten beschäftigten sich dann zwar intensiv mit dem Krankheitsbild des jeweiligen Tieres, aber ich konnte niemals erleben, dass einer von ihnen auf die Umstände in der modernen Nutztierhaltung einging. Dabei dürfte jedem Menschen mit einem bisschen Einfühlungsvermögen klar sein, dass ein Kalb, das sofort nach der Geburt von der Mutterkuh getrennt wird, auf längere Sicht körperlich oder psychisch krank werden muss. Abgesehen davon ist es aus ethischer Sicht verwerflich, dass man einem neugeborenen Geschöpf die Trennung von der Mutter zumutet.

Je mehr ich mich in die klassische Homöopathie eingearbeitet hatte, umso mehr verstand ich, dass die materialistische Sicht der heutigen Schulmedizin viel zu begrenzt ist. Sie hinkt im Grunde den modernen Erkenntnissen der Physik und den Einsichten der holistischen Psychologie hinterher. Allein die acht Fallgeschichten dieses Buches machen deutlich, dass die Krankheit eines Haustieres kein vom Tierhalter isoliert stattfindendes Geschehen ist, sondern Teil eines Gesamtbildes.

Fallbeispiele aus meiner Kleintierpraxis

Ich habe unter den vielen verschiedenen Krankheitsfällen jene ausgewählt, bei denen die Interaktionen zwischen einem Menschen und seinem kranken Tier für einen Außenstehenden sehr deutlich nachvollziehbar sind. Natürlich wurde die Auswahl der Krankheitsfälle auch davon bestimmt, wie sehr sich die Tierhalter mir gegenüber öffnen konnten und wollten.

Um die Krankengeschichten der Tiere in ihrem

gesamten Ausmaß verstehen und aufarbeiten zu können, war es für mich nötig, dass mir die betroffenen Tierhalter ganz persönliche und manchmal auch sehr intime Informationen anvertrauten. Wichtige Auskünfte wurden mir zum Teil während der Besprechungen gegeben, die ich im Rahmen der homöopathischen Anamnese durchführte. Die Hauptinformationen jedoch sammelte ich in allen Fällen erst später im Zuge eines weiteren Gesprächs, um das ich im Zusammenhang mit dieser Veröffentlichung gebeten hatte. Ich danke an dieser Stelle den hier anonym bleibenden Tierhaltern von Herzen für ihr Vertrauen und ihre Bereitschaft, mich darin zu unterstützen, meine Beobachtungen und Erkenntnisse in die Öffentlichkeit zu tragen. Für die Namen sowohl der Tierhalter als auch der ihrer Haustiere verwende ich Pseudonyme.

Die Tiere wurden von mir ausschließlich klassisch homöopathisch behandelt. Es sei ausdrücklich angemerkt, dass die im Buch angegebenen homöopathischen Arzneimittel, die ich im jeweiligen Krankheitsfall verordnet habe, nicht übertragbar sind auf einen anderen Patienten mit derselben Erkrankung. In der klassischen Homöopathie wird die Arznei stets individuell nach der Summe der allgemeinen und speziellen Symptome des Patienten und nicht ausschließlich nach der klinischen Diagnose verordnet.

Ich möchte außerdem noch vorausschicken, dass ich jeden Krankheitsfall einer psychosomatischen Deutung nach Ruediger Dahlke unterzogen habe. Es ist mir ein großes Anliegen, Ruediger Dahlke auch an dieser Stelle meine Hochachtung, meine Anerkennung und meinen Dank für seine fundierte und qualifizierte Arbeit auszusprechen. Ohne sein Werk wäre es mir niemals gelungen, diesen engen Zusammenhang zwischen dem Befinden des Tierhalters und seinem erkrankten Haustier herzustellen. Seine psychosomatische Deutung der Krankheitsbilder, in *Krankheit als Symbol* umfassend dargestellt, hat sich in meinen Mensch-Tier-Geschichten eindrucksvoll bestätigt und bewahrheitet. Ich danke ihm auch ganz besonders für sein Engagement für die Nutztiere, das er in seinem Buch *Peace Food* so unmissverständlich zum Ausdruck bringt.

Ich konnte die Interpretation der Krankheitsbilder meiner Tierpatienten allerdings nicht ganz freihalten von subjektiven Einschätzungen. Meine persönliche Sichtweise soll lediglich als ergänzende Anmerkung verstanden werden und niemanden davon abhalten, sich ganz eigene Gedanken zu den Krankengeschichten zu machen.

Die Gleichgewichtsstörungen von Hund Benno und Franziskas zerplatzte Träume

Franziska lebte zum Zeitpunkt der Erkrankung ihres Hundes Benno schon dreizehn Jahre mit ihm zusammen. Sie hatte ihn aus dem Tierheim geholt.

Franziska war bereits viele Jahre vor ihrer Kündigung an ihrem Arbeitsplatz unglücklich gewesen; sie hatte jedoch nie eine für sie annehmbare Alternative gefunden. Vor zwei Jahren wurde ihr dann wegen personeller Umstrukturierungen innerhalb der Firma die Kündigung ausgesprochen. Die junge Frau verstand ihre Entlassung zunächst als Gelegenheit, ihr Leben neu auszurichten.

Franziska lernte um diese Zeit einen Mann kennen, der ihr in vieler Hinsicht als die Erfüllung ihres tiefsten Wunsches erschien: Sie sehnte sich immer danach, in einer Partnerschaft leben zu dürfen und keiner Beschäftigung mehr nachgehen zu müssen. Wenige Wochen nach Beginn der Arbeitslosigkeit trennte sich dieser Mann jedoch von Franziska, und ihr Hund Benno entwickelte nur wenige Tage später massive körperliche Beschwerden. Er konnte nicht mehr selbstständig stehen und vermochte nur noch unkoordiniert zu laufen. Außerdem zeigte er einen starken Nystagmus (Pendelbewegungen der Augen) und eine extreme Schiefhaltung des Kopfes. Benno verweigerte außerdem das Fressen und Trinken. Alle Symptome sprachen für ein Vestibularsyndrom, an dem sehr oft ältere Hunde leiden. Es handelt sich dabei um eine Erkrankung des Gleichgewichtsorgans, das sich im Innenohr befindet. Nicht selten geht damit eine Entzündung des Mittel- oder Innenohres einher. Ich konnte bei Benno in der Allgemeinuntersuchung aber keine Entzündung des äußeren Gehörgangs diagnostizieren.

Das Gleichgewichtsorgan hat die Aufgabe, dem

Gehirn die Lage des Körpers im dreidimensionalen Raum zu vermitteln. Ist diese Orientierung gestört, kann das Gehirn die Bewegungsabläufe nicht mehr angemessen koordinieren. Es kommt infolgedessen zu Gleichgewichtsstörungen, was in der Regel mit starkem Schwindel verbunden ist, der meist eine ausgeprägte Übelkeit nach sich zieht. Letztere führt oft zur Futter- und Wasserverweigerung.

Der Körper von Benno war buchstäblich aus dem Gleichgewicht geraten, und das traf zu diesem Zeitpunkt auch auf das Leben von Franziska zu. Vordergründig betrachtet könnte man den Eindruck gewinnen, dass Franziska durch Bennos Erkrankung ein zusätzliches Problem aufgebürdet bekam. Stellen wir aber eine Verbindung zwischen Bennos Symptomen und den Lebensumständen von Franziska her, so können wir sehr schnell erkennen, dass zwischen beidem ein Zusammenhang besteht.

Der Aufarbeitung dieses Krankheitsfalles sei eine psychosomatische Deutung nach Ruediger Dahlke vorangestellt: Ein dem Vestibularsyndrom des Hundes vergleichbares Krankheitsbild beim Menschen ist die Menière-Krankheit, auch Morbus Menière genannt. In *Krankheit als Symbol* finden wir dazu unter anderem folgende Stichwörter: »(...) auf schwankenden Boden geraten sein: Verunsicherung bzgl. der Lebensbasis; sich seines Lebens nicht mehr sicher sein; sich in Bezug auf die eigene Lebensbasis etwas vorschwindeln; der Boden wird einem unter den Füßen weggezogen; die Standfestigkeit ist in Frage gestellt; sich in schwindelnde Höhen verstiegen haben.«

Mit verblüffender Genauigkeit charakterisiert es die damalige Lebenssituation von Franziska. Das Sonderbare jedoch ist, dass nicht Franziska selbst, sondern ihr Hund Benno die entsprechenden Krankheitssymptome entwickelt hat. Benno brachte mit seinem schwankenden Gang eine massive Verunsicherung zum Ausdruck, die eigentlich sein Frauchen betraf.

Franziska wurde zum damaligen Zeitpunkt tatsächlich der Boden unter den Füßen weggezogen. Alles, was ihr bis dahin Halt, Sicherheit und Lebenssinn gegeben hatte, ging ihr verloren. Vor allem setzte der jungen Frau emotional sehr stark zu, dass ihre Hoffnung gescheitert war, endlich eine Partnerschaft zum Zentrum ihres Lebens machen zu dürfen. Hinzu kamen existenzielle Unsicherheit und Sorge um die Zukunft, mit denen sie massiv überfordert war. Bennos rastlos pendelnde Augen brachten die Verzweiflung und Verunsicherung von Franziska auf sehr eindrucksvolle Art und Weise zum Ausdruck.

Lassen wir Franziska selbst zu ihrer damaligen Situation zu Wort kommen: »Ich schreibe diese Zeilen zwei Jahre nach dem ›Totalzusammenbruch‹ meines Lebens. Ich war damals in eine scheinbar ausweglose Situation geraten. Ich habe ganz viel loslassen müssen: meine berufliche und finanzielle Sicherheit und die Beziehung zu einem Mann, mit dem ich die Erfüllung meines größten Traumes verband. Ich hatte sozusagen alles verloren, aber ich wollte es nicht wahrhaben. Ich war nicht fähig, dieses Gefühl der Bodenlosigkeit in vollem Ausmaß zu ertragen. Ich hatte ganz viel Angst davor. Wie fühlt sich ein Mensch, der sich in einer solchen Situation befindet? Orientierungslos und ohne Perspektive. Eigentlich hätte es mir schwindlig vor Angst sein müssen; eigentlich hätte ich das Essen verweigern müssen. Eigentlich war ich unfähig, einen Schritt zu tun, weil ich in einer Sackgasse gelandet war. Benno hat das alles für mich getragen. Ich hätte diese Situation ohne ihn nicht auf diese Art und Weise meistern können. Er war mein großer Freund.«

Franziska bestätigte mit diesen Worten meine bereits seit mehreren Jahren gehegte Vermutung, dass Haustiere unsere eigenen verdrängten und unterdrückten Gefühle abfangen und in einem körperlichen Bild zum Ausdruck bringen.

Die Repertorisation führte mich damals zu Gelsemium, dem wilden Jasmin. Unter den Homöopathen ist Gelsemium bekannt als ein wichtiges Mittel bei Prüfungsangst, Lampenfieber und Erwartungsspannung. Der Patient hat sehr viel Angst vor dem, was auf ihn zukommt. Man spricht auch davon, dass er sich wie das »Häschen in der Grube« fühlt. Nachdem Benno die erste Gabe Gelsemium C 200 erhalten hatte, beruhigten sich die Pendelbewegungen seiner Augen, was seine Übelkeit minderte. Er begann deshalb auch relativ bald wieder zu fressen. Man konnte parallel dazu von Tag zu Tag eine Verbesserung seiner Bewegungsabläufe beobachten.

Nach dieser massiven Krise hat Benno Franziska tapfer weiter auf ihrem Weg begleitet. Dabei sind bei ihm gelegentlich wieder ähnliche Symptome aufgetreten, jedoch in deutlich abgeschwächter Form. Gelsemium blieb weiterhin das Arzneimittel der Wahl. Ein Jahr nach dem Höhepunkt der Lebenskrise von Franziska wurde Benno wegen Altersschwäche von einem Kollegen eingeschläfert.

Die Auseinandersetzung mit der Krankheit von Benno und die mit der Kündigung verbundene Zäsur haben Franziska ein hohes Maß an Selbstreflexion und eine für sie ungewohnte Bereitschaft zur Umorientierung abverlangt. Inzwischen hat Franziska beruflich einen Richtungswechsel vollzogen. Sie wirkt heute sehr viel selbstbestimmter und selbstbewusster. Benno hat ihr dabei geholfen, dass sie ein gutes Stück mehr zu ihrem Potenzial gefunden hat.

Die Schilddrüsenüberfunktion von Katze Lotti und Christinas Umzug

Christina ist eine sehr tatkräftige Frau, die schon immer mit beiden Beinen fest im Leben gestanden hat. Ihre Katze Lotti lebt seit zwölf Jahren mit ihr zusammen. Lotti ist neben drei anderen Katzen diejenige, die Christina am längsten begleitet.

Drei Jahre, nachdem Christina ihren Freund Peter

kennen gelernt hatte, entschlossen sich die beiden zusammenzuziehen, und sie begannen sogleich, nach einer geeigneten Immobilie zu suchen. Zwei Monate später zeigte Lotti plötzlich merkwürdige Verhaltensauffälligkeiten. Sie fing an, sich die Haare am Bauch und an den Innenseiten der Oberschenkel auszureißen. Sie fraß außerdem plötzlich sehr große Portionen und verlor gleichzeitig an Gewicht. Das alles war von einer extremen Ruhelosigkeit begleitet. Schließlich wurde bei Lotti eine Schilddrüsenüberfunktion (Hyperthyreose) mit einem extrem hohen T4-Wert diagnostiziert. Trotz schulmedizinischer Therapie kam es zu keiner Besserung des T4-Wertes.

Ein halbes Jahr später zog das Paar in die neue Wohnung, und genau zu dieser Zeit konsultierte mich Christina zum ersten Mal wegen Lotti. Die Katze wirkte ruhelos und getrieben und war sehr stark abgemagert. Auffallend an den Blutwerten waren neben dem erhöhten T4-Wert auch relativ hohe Leberwerte.

Die Schilddrüsenüberfunktion ist die häufigste endokrine Störung bei der Katze. Meist handelt es sich um ein gutartiges Geschehen. Aufgabe der Schilddrüse ist die Bildung von Stoffwechselhormonen. Bei einer Überfunktion kommt es zu einem Anstieg dieser Hormone. Dadurch erhöht sich auch die Stoffwechselleistung, was in der Regel zu einer oft extrem hohen Herzfrequenz führt. Die Folge davon ist eine Blutdrucksteigerung, die eine Schädigung der Niere nach sich ziehen kann. Weiterhin kommt es zu erhöhter Darmperistaltik und damit verbunden zu einer verminderten Nährstoffaufnahme. Nicht selten leiden die Tiere deshalb auch unter Durchfall. Die verringerte Aufnahme von Nährstoffen ist die Ursache für den Heißhunger. Die starke Ruhelosigkeit dieser Katzen erklärt man sich durch den extremen Appetit und die hohe Herzfrequenz.

Bei menschlichen Patienten bringt Ruediger Dahlke die Schilddrüsenüberfunktion mit (Todes-)Angst und Schrecken in Verbindung; es besteht erhöhte Alarmbereitschaft. Man findet in der Krankengeschichte eines Hyperthyreotikers meist auch eine frühe Konfrontation mit dem Tod und mit dem Verlust einer wichtigen Bezugsperson, oft der Mutter. Es sei an dieser Stelle gleich darauf hingewiesen, dass Christina als Kind ihre Mutter verloren hatte, und zwar durch einen schrecklichen Selbstmord. Christina wuchs bei ihrer Großmutter auf.

Nach Dahlke konfrontiert sich der Hyperthyreotiker jedoch nicht mit dem Schrecken und der Todesfurcht, sondern verleugnet und verdrängt seine Ängste. Dies geht oftmals so weit, dass die Patienten geradezu jene Situationen suchen, die sie am meisten fürchten. Auch hier kann man wieder den Bogen zu Christina spannen: Ihr Freund Peter leidet an einer schweren Erkrankung, die in Attacken auftritt und im absoluten Ernstfall zum plötzlichen Tod führen kann. Christina vertraute mir in unserem Gespräch an, dass sie stets mit dem Schlimmsten rechne. Es könne durch die Erkrankung auch zu einer Behinderung kommen, auf die sich das Paar beim Umbau der Immobilie bereits eingestellt habe.

In der Krankengeschichte eines Hyperthyreotikers spielen Trennung oder Abweisung durch die Mutter generell eine große Rolle. Die daraus resultierende Angst und Unsicherheit versuchen die Patienten durch eine Übernahme der Mutterrolle zu bewältigen. Es besteht deshalb immer eine Tendenz zur Überverantwortung, die bis hin zur Selbstaufopferung gehen kann.

Christina hinterließ in unserem Gespräch den Eindruck, dass sie sich ihrem Partner gegenüber extrem verantwortlich fühlte. Hinzu kam ein starkes Pflichtbewusstsein im Rahmen ihrer beruflichen Tätigkeit. Auch Dahlke spricht von einem enormen Leistungswillen, den Hyperthyreotiker entwickeln können. Sie wollen in ihrem Leben weiterkommen und legen dabei einen unglaublichen Ehrgeiz an den Tag. Die Besitzerin von Lotti sagte von sich, dass sie zwar ihr Leben lang mit ihrer Überverantwortung und hohen Leistungsbereitschaft zurechtgekommen sei. Aber mit zunehmendem Alter schiene es ihr immer weniger möglich, diesem inneren Anspruch gerecht zu werden. Christina wollte im Grunde ihre einstmals unbewusst übernommene Mutterrolle wieder abgeben und endlich selbst ausreichend (emotional) versorgt werden.

Diese Gedanken und Gefühle standen für Christina sicher bereits im Raum – zumindest unbewusst –, als die Entscheidung zum Zusammenziehen mit dem Partner gefällt wurde. Interessanterweise waren Christina und Peter davor bereits drei Jahre lang befreundet gewesen, doch Lotti wurde erst krank, als das Paar sich dazu entschieden hatte zusammenzuziehen. Christina sah sich wohl in diesem Moment mit einer Herausforderung konfrontiert, von der sie nicht wusste, ob sie ihr gewachsen sein würde. Die verdrängte Furcht vor der neuen Lebenssituation fand schließlich Ausdruck in der körperlichen Erkrankung ihrer Katze Lotti. Und wieder wurde nicht der betroffene Mensch, sondern sein Haustier krank. Lottis Krankheitssymptome sprachen eine sehr deutliche Sprache. Mit wenigen Worten ließ sich der Hauptkonflikt von Christina benennen: »Ich bin (emotional) unterversorgt.«

Mir fiel bei unserem Gespräch, das in der Wohnung von Christina und Peter stattfand, eine Fülle schöner Accessoires auf. Als ich Christina meine Bewunderung dafür aussprach, berichtete sie mir von ihrer Sammlerleidenschaft. Ohne konkret darauf einzugehen, wurde deutlich, dass dies das Thema ebenfalls widerspiegelte, wenn auch auf anderer Ebene: Christina versucht, ein Gefühl des Mangels zu kompensieren.

Für Lotti gab es im Zuge der homöopathischen Behandlung schnell eine Besserung der Symptome. Nach mehrmaligen Gaben von Natrium chloratum C 200 sank der T4-Wert in den Normalbereich; die Leberwerte verbesserten sich deutlich. Bei diesem homöopathischen Arzneimittel handelt es sich um potenziertes Kochsalz. In seiner Essenz weist das Mittel darauf hin, dass die Mutter oder eine entsprechende Versorgung fehlt.

Abschließend seien noch die erhöhten Leberwerte angesprochen: Aus psychosomatischer Sicht spiegelt der Zustand der Leber wider, wie man mit seinem Leben umgeht. Diese Frage richtete sich tatsächlich an Christina. Es schien nun das Wichtigste zu sein, dass sie und ihr Freund Peter mit der Erkrankung von Lotti verstehen lernten, dass es an der Zeit war, ein altes Muster aufzulösen. Christina wollte ihre Rolle der mütterlichen Versorgerin wieder abgeben und die eigene jahrelange emotionale Unterversorgung in einer gleichberechtigten Partnerschaft ausheilen. Lotti hat mit ihrer Erkrankung diese tief verdrängte Sehnsucht ihres Frauchens zur rechten Zeit ans Licht gebracht. Wenn Christina und ihr Freund Peter diese Information in ihr gemeinsames Leben integrieren können, hat die Krankheit von Lotti einen großen Sinn erfüllt. Ich wünsche es den dreien von Herzen.

Die Gelenkentzündungen von Hündin Biene und die Selbstständigkeit von Markus

Markus nimmt seine fast dreijährige Hündin Biene mit zur Arbeit und verbringt auch einen Großteil seiner Freizeit mit ihr. Er ist außerordentlich stark um Bienes Wohlbefinden bemüht; sie steht ganz im Zentrum seiner Aufmerksamkeit. In ihm hat Biene einen sehr fürsorglichen Besitzer gefunden. Hund und Herrchen wirken sehr zufrieden und glücklich miteinander. Die beiden sind ein eingespieltes Team.

Markus hat Biene wegen verkürzter Läufigkeitsintervalle schon vor längerer Zeit von mir behandeln lassen. Bereits bei unserer ersten Begegnung war mir das außergewöhnlich starke Kontrollbedürfnis der Hündin aufgefallen. Sie folgte Markus mehr oder weniger auf Schritt und Tritt.

Dann rief Markus mich eines Nachts ganz verzweifelt an, weil Biene plötzlich nicht mehr aufstehen konnte. Er erzählte mir, dass er mit der Hündin den ganzen Tag unterwegs gewesen sei und keinerlei Auffälligkeiten bei ihr bemerkt habe. Bei meinem nächtlichen Hausbesuch fand ich eine Hündin vor, deren Allgemeinbefinden ungestört schien bis auf die Tatsache, dass sie nicht mehr in der Lage war, sich selbstständig zu erheben. Sie zeigte deutliche Schmerzäußerungen beim Versuch, sich aufzurichten, und sank ohne meine Unterstützung sofort wieder in die Sitzposition zurück. Der gesamte Körper wirkte spastisch verspannt. Biene zeigte starke Schmerzäußerungen vor allem in der hinteren Körperregion und hier vor allem beim Strecken und Beugen der großen Gelenke: Hüfte und Knie. Die Bauchdecke war leicht angespannt, die neurologischen Reflexe waren vollständig erhalten.

Einige Zeit vor diesem Ereignis hatte Biene angeblich extrem viel Gras gefressen. Litt sie etwa an

Magenbeschwerden? Sie war außerdem im Zuge der Grundimmunisierung kurz zuvor zwei Mal im Abstand von vier Wochen von einem Kollegen geimpft worden.

Die Gesamtheit aller Symptome führte mich in der Repertorisation zu Nux vomica, der Brechnuss. Biene bekam das Arzneimittel, das ich ihr übrigens bereits wegen der verkürzten Läufigkeitsintervalle verordnet hatte, in jener Nacht zuerst in der Potenz C 30 und nach beginnender Verbesserung in der Potenz C 10 000. Daran anschließend überwies ich die Hündin zur genaueren Abklärung in eine Tierklinik. Die Kollegen diagnostizierten Polyarthritis, eine Entzündung, die in mehreren Gelenken gleichzeitig auftritt. Die Hündin wurde in der Klinik mit immunsuppressiven Medikamenten behandelt. Bald darauf konnte sie wieder beschwerdefrei aufstehen und laufen.

Klinisch teilt man Arthritiserkrankungen in entzündliche und nicht entzündliche Formen ein. Die entzündlichen Arthritiden können aufgrund einer Infektion mit bestimmten Erregern oder aufgrund einer immunbedingten Reaktion oder durch Ablagerungen von Kristallen (Urat- oder Kalziumpyrophosphat-Kristalle) innerhalb des Gelenks entstehen.

Speziell die Polyarthritis ist eine entzündliche, nicht infektiöse, immunbedingte Arthritisform. Es läuft grob schematisiert folgendes Geschehen ab: Das Immunsystem wird durch ein Antigen (eine vom Körper als fremd erkannte Substanz) zur Bildung von Antikörpern stimuliert. Ein Antikörper versucht, das

Antigen zu neutralisieren, und dockt deshalb an dieses an. Dabei entstehen sogenannte Immunkomplexe. Körpereigene Abwehrzellen versuchen, diese Immunkomplexe zu vernichten. Die Abwehrzellen setzen dabei Stoffe frei, die Zellmembranen zerstören. Es kommt dadurch sekundär zu entzündlichen Abläufen innerhalb der Gelenkflüssigkeit, was bei fehlender Behandlung das Gelenk nachhaltig schädigen kann. Es ist deshalb außerordentlich wichtig, so schnell wie möglich mit der Therapie zu beginnen.

Zu den immunbedingten Arthritiden zählen die idiopathische Polyarthritis (IPA, Typ I-IV), die rheumatoide Arthritis (RA) und verschiedene andere Formen. Die IPA Typ I stellt die häufigste Arthritisform beim Hund dar; sie wird in fünfzig Prozent der Fälle diagnostiziert. Ihre Ursachen sind bislang nicht geklärt. Zu den IPA zählen auch diejenigen Arthritiden, die sich aufgrund von Impfreaktionen entwickelt haben. Die Impfstoffe selbst gelten dabei als Antigenquelle. Da Biene kurz vor dem Ereignis geimpft worden war, ließ sich nicht ausschließen, dass ihre Beschwerden als Reaktion auf den Impfstoff auftraten. Die genaue Ursache der Polyarthritis bei Biene hätte man, wenn überhaupt, nur durch gezielte Untersuchungen, zum Beispiel durch Gelenkpunktion, herausfinden können. Markus wünschte jedoch keine weitergehende Diagnostik. Immunbedingte Arthritiden sind leider in einigen Fällen wiederkehrend und erfordern zum Teil eine lebenslange Behandlung.

Biene ist seit der Behandlung vor knapp zwei Jahren zum Glück beschwerdefrei.

Alle Arthritisformen gehen bei längerem Bestehen in eine chronische Form über. Dabei kommt es zu knorpel- und knochenartigen Zubildungen im Gelenk, die dort den Bewegungsablauf dauerhaft beeinträchtigen. Wenn die Form abklingt, bleiben die Zubildungen dennoch bestehen und verursachen häufig anhaltende Schmerzen. Diesen Krankheitszustand nennt man dann Arthrose.

Die Diagnose Polyarthritis machte Markus und auch mich sehr betroffen. Ich versuchte zusammen mit Markus, das Krankheitsbild auch aus psychosomatischer Sicht zu verstehen: Ruediger Dahlke und Thorwald Dethlefsen weisen in *Krankheit als Weg* darauf hin, dass alle Erkrankungen des Bewegungsapparats mit dem Thema Bewegung und Ruhe beziehungsweise Beweglichkeit und Starre zu tun haben. Der Polyarthritiker ist in der Regel körperlich sehr aktiv, jedoch starr in seinem Bewusstsein. Es fallen Begriffe wie stur, steif, störrisch. Der Polyarthritiker tut sich sehr schwer, mit Veränderungen umzugehen.

Markus ist alleinstehend. Er wirkt sehr strukturiert und diszipliniert. Ich erlebte ihn in meinen Konsultationen immer als einen sehr offenen und ehrlichen Menschen. Bei unserem Gespräch, um das ich ihn wegen dieser Publikation gebeten hatte, erzählte er mir, dass er lange Zeit nicht gewusst habe, welchen Beruf er ergreifen solle. Er hat dann, mehr aus Verlegenheit, vor mehreren Jahren die Firma seiner Eltern übernommen. Kurze Zeit vor der Erkrankung von Biene zeichnete sich ab, dass er wegen stark ansteigender Nebenkosten und sinkender Umsätze das Geschäft eigentlich aufgeben müsste. Ob es tatsächlich zu einer Firmenauflösung kommen wird, war zum Zeitpunkt unseres Gesprächs noch nicht klar. Markus machte in unserer Unterredung anfänglich den Eindruck, dass ihn eine Geschäftsaufgabe zwar beunruhigen, aber keineswegs aus der Bahn werfen würde. Er sagte, dass er sich keine allzu großen Sorgen um seine Zukunft machen müsse. Er wisse, dass seine Eltern ihm immer Rückendeckung gäben.

Markus hat eine außerordentlich starke Bindung zu seinen Eltern. Sie beruht wohl darauf, dass er in seiner Kindheit sehr krank gewesen ist. Seine Eltern hatten sich wegen seines Gesundheitszustands stets Sorgen um ihn gemacht. Er erzählte, dass er als Einzelkind sehr behütet, besser gesagt, überbehütet, aufgewachsen sei. Er genießt auch heute noch sehr viele Privilegien. Markus vertraute mir in diesem Zusammenhang auch an, dass ihm sein bester Freund bereits mehrfach geraten habe, sich in Anbetracht des hohen Alters seiner Eltern langsam aus dieser engen Bindung zu lösen. Markus sah bisher jedoch keine Notwendigkeit, diesen Schritt zu tun. Er möchte sich mit der Vorstellung, dass seine Eltern einmal nicht mehr da sein werden, nur ungern befassen.

Trotz seiner klaren Antworten auf meine Fragen nahm ich bei meinem Gesprächspartner eine undefinierbare Betroffenheit und Besorgnis wahr, die ich erst vollends verstehen konnte, als ich mir das klinische Erscheinungsbild von Biene noch einmal in Erinnerung rief. Ich begriff plötzlich dessen Kernaussage: die Aufforderung, sich auf die eigenen Beine zu stellen. Mir schien dann, dass Markus für diese Botschaft sehr dankbar war. Ich hatte den Eindruck, er könne dadurch eine gewisse Form der Orientierung finden.

Nach Dahlke ist die Situation des Polyarthritikers im wahrsten Sinne des Wortes festgefahren. Dem Fall von Biene entsprechend könnte man auch sagen, dass er festsitzt. Die Gelenke sind blockiert. Er kann vor Schmerzen keinen Schritt mehr vorwärts tun. Und bei Biene schmerzten beide Hüft- und beide Kniegelenke. Psychosomatisch gesehen weisen Beschwerden im Hüftgelenk bei menschlichen Patienten auf einen Konflikt um den Fortschritt im Leben und den Lebenssinn hin. Die Hüfte steht auch dafür, erste Schritte zu tun. Beschwerden mit den Knien werden unter anderem mit der Angst in Verbindung gebracht, diese Schritte zu unternehmen – in dem Sinne, dass man weiche Knie bekommt oder einem die Knie schlottern.

Im Verlauf unseres immer vertrauter werdenden Gesprächs konnte Markus die psychosomatische Betrachtungsweise des Krankheitsgeschehens von Biene zusehends mit seiner eigenen Lebenssituation in Verbindung bringen. Er erinnerte sich daran, dass er zur Zeit der Erkrankung von Biene mit der Frage um den Fortbestand der Firma beschäftigt war und sehr viel über grundsätzliche Lebensthemen nachgedacht hat: zum Beispiel welche Art Tätigkeit er nach einer Firmenaufgabe gern ausüben würde, ob er besondere Fähigkeiten oder Talente besitzt, welche Lebensform ihm am liebsten wäre oder ob es in seinem Leben eine besondere Aufgabe zu bewältigen gibt.

Leider fand er keine befriedigenden Antworten auf diese Lebensfragen. Die Gewissheit, dass seine Eltern ihn immer unterstützen werden, tröstete ihn über diese innere »Ausweglosigkeit« hinweg.

Um aus einer festgefahrenen Situation wieder herauszukommen oder einen Stillstand zu überwinden, ist Durchsetzung notwendig. Doch diese Form der Aggression fällt nach Ruediger Dahlke gerade dem Polyarthritiker außerordentlich schwer. Der Erkrankte beherrscht seine aggressiven Impulse. Er kann nicht zu seiner Wut stehen, kann seinen Zorn nicht ausdrücken. Es bereitet ihm Probleme, seine aggressiven Gefühle gegen andere zu richten. Stattdessen richtet er sie gegen sich selbst – in Gestalt der entzündlichen, immunbedingten Reaktionen innerhalb der Gelenke. Nach Dahlke betreffen diese aggressiven Impulse vor allem die Familie, aber auch Beziehungen im beruflichen Bereich.

Markus und seine Eltern haben durch seine Erkrankung während der Kindheit und durch seine spätere Geschäftsübernahme eine sehr enge Bindung zueinander aufgebaut. Mit einer Geschäftsaufgabe würde es zu einer Abnabelung kommen. Eine solche Ablösung wird jedoch niemals emotionslos verlaufen; das Durchtrennen eines starken (Versorgungs-)Bandes löst durchaus starke negative Gefühle wie Schmerz, Angst, Wut, Zorn oder Verzweiflung aus und wird nicht unbedingt als Befreiung begriffen. Die Pubertät ist generell eine wichtige Phase der Abnabelung; manchmal muss sie auch sehr viel später noch einmal durchlebt werden.

Markus befand sich zum Zeitpunkt der Erkrankung von Biene bereits unbewusst in seinem Abnabelungsprozess. Er war jedoch mit den damit verbundenen Emotionen überfordert und musste diese deshalb unterdrücken und verdrängen. Biene hat Markus seine ins Unbewusste verschobenen Gefühle in einem körperlichen Krankheitsbild gut sichtbar vor Augen geführt.

Ruediger Dahlke weist darauf hin, dass der Polyarthritiker gerade wegen seiner verdrängten Aggressionen starke unbewusste Schuldgefühle entwickelt und dann versucht, diese mit einer großen Hilfsbereitschaft und Aufopferung für andere zu kompensieren. So ist zu beobachten, dass die Erkrankung gerade dann ausbricht, wenn durch eine äußere Veränderung nicht mehr die Möglichkeit besteht, die Schuldgefühle durch Dienen zu kompensieren. Genau in dieser Lebensrealität hat sich Markus zum Zeitpunkt der Erkrankung seiner Hündin befunden.

Biene macht seit der Behandlung übrigens einen sehr viel sichereren und reiferen Eindruck. Damit kann sie zu einem echten Vorbild für ihr Herrchen werden, und ich wünsche Markus von Herzen, dass er mit Hilfe dieser Erkenntnisse den großen Schritt in seine Selbstständigkeit tun kann.

Der grüne Star von Katze Betty und Magdalenas Scheidung

Als Magdalena mich wegen ihrer Katze Betty konsultierte, hatte sie gerade die räumliche Trennung von ihrem Ehemann Johannes hinter sich. Beide sind Eltern von drei erwachsenen Kindern und waren mehr als dreiundzwanzig Jahre lang verheiratet. Johannes' Scheidungsabsicht kam für Magdalena damals völlig überraschend. Für sie brach eine Welt zusammen, als sie erfuhr, dass ihr Ehemann sie verlässt. Obwohl es in ihrer Ehe durchaus Krisen gegeben hatte, war es für Magdalena unvorstellbar, dass sich Johannes jemals von seiner Familie trennen würde.

Betty, eine der zwei gemeinsamen Katzen, wurde wenige Tage nach Johannes' Auszug krank. Anlass für meinen damaligen Hausbesuch war eine einseitige Pupillenerweiterung. Bei der Augenuntersuchung war die Pupillenreaktion des betroffenen Auges negativ, das heißt, die Pupille blieb starr erweitert und reagierte weder auf einen starken direkten noch indirekten Lichtreiz. Ich konnte im Augeninneren eine leichte Schleierbildung beobachten, was auf eine Entzündung hinweist. Die Anamnese und die Allgemeinuntersuchung ergaben darüber hinaus keine Hinweise auf eine Erkrankung, die das Organsystem als Ganzes betraf. Für eine weitere gründliche Untersuchung überwies ich Betty an einen auf Augenheilkunde spezialisierten Tierarzt. Er diagnostizierte eine Erhöhung des Augeninnendrucks, das heißt ein Glaukom – auch grüner Star genannt –, mit einer Folgeschädigung der Netzhaut, und leitete eine entsprechende Behandlung ein.

Die Ursache für ein Glaukom bei Katzen ist meist eine Entzündung der mittleren Augenhaut (Uveitis). Es kommt zur Bildung und Ablagerung von Entzündungsprodukten und zu massiven und schnell einsetzenden Gefäßneubildungen, die zu einer Verlegung der Kammerwasser-Abflusskanäle führen. Dadurch wird die Zirkulation des Kammerwassers behindert, was einen Anstieg des Augeninnendrucks nach sich zieht. Dieser erhöhte Augeninnendruck kann die empfindlichen Zellen der Netzhaut nachhaltig schädigen. Sehr oft bringt in diesem Stadium eine konservative oder auch chirurgische Therapie nicht mehr den gewünschten Erfolg.

Ich erfuhr erst zu einem späteren Zeitpunkt, dass bei Betty sehr rasch beide Augen betroffen waren. Die Katze entwickelte im Verlauf der Erkrankung zusätzlich ein massives Hornhautödem (Flüssigkeitseinlagerung mit Eintrübung der Hornhaut), das zur totalen Erblindung führte. Betty wurde daraufhin eingeschläfert. Obwohl ich für Betty nichts tun konnte, ging mir ihre Geschichte sehr nach, und ich beschäftigte mich mit ihr auch aus psychosomatischer Perspektive. So deutet Ruediger Dahlke in *Krankheit als Symbol* den grünen Star als »schmerzhafte Sicht unter großem Druck (oft von lange zurückliegenden emotionalen Verletzungen und Enttäuschungen); was man in der Vergangenheit mit ansehen musste, bringt einen unter Druck und versperrt die Sicht in die Weite und Breite und auf die Zukunft; verschleierte Sicht, verschleierter Blick; behinderte Kammerwasserzirkulation: zu wenig seelischer Austausch im Hintergrund; bedrückt durch ungeweinte Tränen; die ungeweinten, zurückgehaltenen Tränen machen Druck und bedrohen das Augenlicht (…)«

Ich bat Magdalena um ein erneutes Gespräch, auch um ihr Einverständnis zur Veröffentlichung der Krankengeschichte von Betty einzuholen. Magdalena erzählte mir dann, dass sie zu keiner Zeit wahrhaben wollte, wie es eigentlich um ihre Ehe bestellt war. Auch schon bevor sich die Ereignisse überstürzt hatten, war sie nicht in der Lage gewesen, sich mit Johannes über die Ursachen ihrer mehrfachen Ehekrisen auszutauschen. Sie bekam im Grunde keinen Zugang zu ihren Gefühlen, vor allem nicht zu ihrer Traurigkeit. Aus Angst vor dem psychischen Schmerz tendierte sie stets dazu, die Realität zu verdrängen. Ihre schwierigen, traurigen Umstände wollte Magdalena nicht anschauen; sie war blind für ihre Wirklichkeit. Bettys Augen haben also nicht nur von ungeweinten Tränen berichtet, sondern auch von der

Schwierigkeit, die ganze Wahrheit zu erfassen. Doch das war Magdalena auch erst möglich, als Betty eingeschläfert war: Sie erfuhr nämlich erst dann von ihrem Ehemann, dass er sich wegen einer anderen Frau von ihr getrennt hat. Betty war übrigens die Lieblingskatze von Magdalena.

Inzwischen haben sich die Wogen etwas geglättet, und ich wünsche Magdalena sehr, dass sie ihre Tränen irgendwann weinen kann. Die ganze Familie trägt Betty mit Dankbarkeit in ihrem Herzen.

Die Epilepsie von Hündin Bella und die großen Sorgen um Klara

Bella ist eine inzwischen fast sieben Jahre alte Hündin, die seit ihrem Welpenalter in der Familie von Klara lebt. Die Hündin hat ein zurückhaltendes, fast unscheinbares, aber sehr einnehmendes Wesen. Klara ist ein Mädchen mit einer schweren angeborenen Erkrankung.

Als die Familie mich vor vier Jahren wegen Bella zum ersten Mal konsultierte, war Klara, den Aussagen der Mutter zufolge, in einem sehr kritischen Zustand. Nachdem die Eltern bei Schulmedizinern keine Hilfe für ihre Tochter gefunden hatten, wandten sie sich an alternativ arbeitende Therapeuten. Doch auch hier tat sich kein Weg für Klara auf. Vor allem die Mutter befand sich damals in einem Ausnahmezustand. Sie war verzweifelt, weil sich das Befinden des Mädchens zusehends verschlechterte und keine der angewandten Therapien zum Erfolg führte.

Die Mutter rief mich an, nachdem sie von einem Besuch in einer Tierklinik zurückgekehrt war, wo der behandelnde Tierarzt zu einer stationären Behandlung von Bella geraten hatte – nach dem vierten epileptischen Anfall an diesem Tag. Die Hündin krampfte im Abstand von etwa zwei Stunden. Wegen der Gefahr eines Status epilepticus – einer Serie kurz aufeinanderfolgender Anfälle, zwischen denen sich das Tier nicht mehr ausreichend erholen kann – zögerte auch ich zunächst, eine ambulante Behandlung einzuleiten. Bella zeigte jedoch sehr deutliche und auffallende Symptome, die mich in der Repertorisation sehr sicher zu Natrium chloratum führten. Ich verordnete eine Gabe C 100 000.

Ich wusste, dass nach schulmedizinischer Vorgehensweise eine lebenslange Therapie mit einem Antiepileptikum ratsam wäre. Umso mehr verblüffte mich die Wirkung der homöopathischen Behandlung: Bella krampfte an diesem Tag nur noch ein einziges Mal. Bis auf einen kurzen epileptischen Anfall nach einem Pferdetritt, zu dem es ein Jahr später kam, ist Bella seit diesem Tag vor nunmehr über vier Jahren absolut beschwerdefrei.

Nach Ruediger Dahlke besagt das Wort Anfall, dass einen etwas anfällt, und zwar etwas Fremdes, offenbar von außen Kommendes. Man bezeichnet den klassischen epileptischen Anfall zudem als Grand Mal, was wörtlich übersetzt »großes Übel« oder »das große Schlechte« heißt. Man bekommt damit leicht den Eindruck, als ob mit dem Anfall etwas Böses über den Epileptiker hereinbricht oder es sich von innen Bahn bricht. Dazu möchte ich anmerken, dass auch in der Bibel von Epileptikern die Rede ist. Man ging vor zweitausend Jahren davon aus, dass der Anfallserkrankte von einem Dämon besessen sei. Auch bei Ruediger Dahlke fällt im Zusammenhang mit Epilepsie das Wort Besessenheit. Der epileptische Anfall berichtet demnach von einem aktuellen Kampf zweier rivalisierender Parteien. Zwei Welten sind in einen Konflikt geraten und reiben sich aneinander. Im Patienten baut sich dadurch eine enorme Spannung auf, die sich im Anfall entlädt.

Damit zurück zu Bella und ihrem Frauchen. Der von Dahlke erwähnte Kampf rivalisierender Parteien greift den Hauptkonflikt von Klaras Mutter auf: Die sehr offene Frau fühlte sich jahrelang den Ärzten, die ihre Tochter behandelten, vollkommen ausgeliefert. Ihren Aussagen zufolge verhielten sich die Therapeuten in den kritischen Phasen der Krankheit von Klara oft sehr widersprüchlich, was sie enorm verunsicherte. Die persönliche Wahrnehmung der Mutter zum Krankheitsgeschehen ihrer Tochter wurde in der Regel von den Ärzten ignoriert. Klaras Mutter kämpfte über viele Jahre hinweg erfolglos gegen eine ihr übermächtig erscheinende Partei an, was sie in tiefste Konflikte mit sich selbst stürzte. Anlässlich meiner Rückfrage, ob ich den Krankheitsfall von Bella in meinem Buch veröffentlichen dürfe, sagte sie mir, dass es ihr auch heute noch unmöglich sei, die Behandlung ihres Kindes vertrauensvoll in die Hände von Ärzten zu legen. Bei ihren Worten tauchten vor meinem inneren Auge sogleich Bilder von »Dämonen« auf. Ich hatte den Eindruck, als ob die Mediziner für die verzweifelte Mutter tatsächlich eine extreme Bedrohung darstellten.

Aus einer höheren Warte betrachtet, spielt sich dieses Ringen und Reiben nach Dahlke jedoch weniger im Außen, sondern mehr im Innern des Kranken ab. Er ringt während eines Anfalls mit einer Ebene, die dem Unbewussten zuzurechnen ist. Es kommt in diesem Kampf kurzzeitig zu Bewusstseinsverlusten. Der Kranke wird für einen Moment in ein anderes, vielleicht sogar höheres Bewusstsein hineingerissen, an das er sich nach dem Anfall nicht mehr erinnern kann. Dahlke rückt in *Krankheit als Sprache der Seele* dieses Geschehen in die Nähe einer spirituellen Erfahrung. Er zitiert dazu aus dem Buch *Der Mann, der seine Frau mit einem Hut verwechselte* des Neuropsychologen Oliver Sacks. Darin wird von ekstatischen epileptischen Auren berichtet, die Fjodor M. Dostojewski gelegentlich vor seinen Anfällen erlebt habe. Dostojewski soll einmal wörtlich gesagt haben: »Es gibt Augenblicke, und sie dauern nur fünf oder sechs Sekunden, in denen man die Existenz einer göttlichen Harmonie erfährt ... Die schreckliche Klarheit, mit der sie sich offenbart, und die Verzückung, mit der sie einen erfüllt, ist furchtbar. Wenn dieser Zustand länger als fünf Sekunden dauern würde, könnte die

Seele ihn nicht ertragen und müsste entfliehen. In diesen fünf Sekunden durchlebe ich ein ganzes Menschenleben, und ich würde alles dafür hingeben, ohne dass ich glauben würde, zu viel dafür bezahlt zu haben ...« Dahlke bringt diese Vorgänge sehr anschaulich auf den Punkt: »Die Sicherungen brennen durch, und eine viel stärkere Macht übernimmt die Initiative.«

Zum Ende meines Gesprächs äußerte die Mutter von Klara plötzlich etwas, das bei mir den Eindruck erweckte, dass sie endlich einen Ausweg aus ihrer festgefahrenen Situation gefunden hat: »Ich habe inzwischen gelernt, Klara in die Hände Gottes zu legen.«

Erst bei der Aufarbeitung des Krankheitsfalles begriff ich die Bedeutung dieser Aussage: Bellas Besitzerin hat im Verlauf der Erkrankung ihrer Tochter aus Verzweiflung einen spirituellen Weg eingeschlagen, auf den Bella bereits mehrere Jahre zuvor hingewiesen hatte. Mit ihren Krampfanfällen hat Bella ihrem Frauchen das Loslassen, die Hingabe, den Kontrollverlust, das Sich-dem-Schicksal-Ergeben und das sinnvolle Übergeben an etwas Größeres und Höheres vorgelebt.

In den zweistündlich auftretenden Krampfanfällen von Bella wurden die über Jahre angestauten Gefühle von Macht- und Hilflosigkeit der Tierhalterin entladen. Zum Zeitpunkt der heftigen Krampfanfälle konnte die Hündin anscheinend die enorme emotionale Anspannung ihrer Besitzerin nicht mehr länger kompensieren. In diesem Fallbeispiel wird sehr deutlich sichtbar, dass ein Tier keine Grenzen gegenüber seinem Umfeld aufbauen kann. Bella hatte sich selbst beim Mittragen von Leid, Angst und Sorge sogar in Lebensgefahr gebracht. Ohne sich dieser Zusammenhänge bewusst zu sein, konnte die Mutter von Klara in ihrer Gotteszuwendung nun einen großen Schritt in Richtung ihrer eigenen Schicksalsbewältigung tun. Vielleicht braucht Bella deshalb ihr Frauchen nun nicht mehr an diese Aufgabe zu erinnern.

Das Asthma von Katze Engelchen und das Zusammenleben von Therese und Gerda

Therese ist eine alleinerziehende Mutter von drei Kindern. Sie hat sich vor einigen Jahren von ihrem Mann getrennt und lebt seither zusammen mit ihren Kindern und ihrer Katze Engelchen in einem Einfamilienhaus. Engelchen ist schon vierzehn Jahre alt. Sie war im Alter von acht Wochen in die Familie gekommen.

Therese zeigte sich in unserem Gespräch von Beginn an außergewöhnlich offen und vertrauensvoll. Sie erzählte mir, dass sie von ihren Eltern weder geplant noch erwünscht gewesen ist. Als sehr zurückhaltendes und scheues Kind hat sich Therese nicht getraut, etwas zu beanspruchen. Sie fühlte sich sehr oft alleingelassen und hatte Angst vor ihrem alkoholabhängigen Vater, der zu starken Wutausbrüchen neigte. Ihre dominante Mutter wertete den Vater stets ab.

Therese orientierte sich in ihrem späteren Leben häufig an Frauen, die für sie sehr große Vorbildfunktion hatten. Ihre persönliche Lebensführung wurde von diesen Frauen häufig stark beeinflusst. Ihren eigenen Angaben zufolge versuchte sie in diesen Beziehungen, die Verantwortung für ihr Leben komplett abzugeben. Im Grunde sehnte sie sich immer nach einer verlässlichen Beziehung, in der sie Unterstützung und Rückhalt finden konnte. So trat auch bald nach der Scheidung eine Frau namens Gerda in das Leben von Therese. Therese beschrieb sie als eine sehr dominante Persönlichkeit, die, ähnlich wie ihr eigener Vater, ein starkes Aggressionspotenzial besitze.

Einige Zeit nach Beginn der Freundschaft geriet Gerda plötzlich in große finanzielle Schwierigkeiten. Therese sah sich verpflichtet, ihrer Freundin anzubieten, vorübergehend bei ihr zu wohnen. Gerda zog darauf sogleich mit ihrem Hund in das Haus von Therese ein. Diese stellte ihrer Freundin das Erdgeschoss zur Verfügung. Sie selbst richtete sich mitsamt ihren Kindern und ihrer Katze im Obergeschoss ein.

Gerda nahm im häuslichen Alltag oft Anstoß an der Lebensgestaltung ihrer Gastfamilie. Therese und ihre Kinder passten sich aus Scheu vor einem Konflikt im Verlauf der Zeit immer mehr den Gewohnheiten von Gerda an. Es kam teilweise zu massiven Übergriffen in die Privatsphäre von Therese. Doch Therese konnte sich aus Furcht, die Beziehung zu Gerda zu verlieren, nicht gegen die Grenzüberschreitungen wehren.

Gerda zog dann innerhalb von zwei Jahren mehrmals in das Haus von Therese ein und wieder aus. Therese selbst, ihre Kinder und auch Katze Engelchen litten zusehends unter dieser Situation.

Engelchen ist eine Freiläuferin, und auch sie musste sich an die veränderten Lebensumstände stark anpassen. Sie konnte zum Beispiel wegen Gerdas Hund nicht mehr den Eingang über die Terrasse nehmen. Auch der Zugang zum gewohnten Fressplatz und zu den vertrauten Schlafstellen blieb ihr verwehrt. Die Katze entwickelte in dieser Zeit zum ersten Mal heftige Hustenanfälle, die in der Regel mit einer schweren Atemnot verbunden waren. Die Symptome hielten auch nach dem endgültigen Auszug von Gerda und dem darauffolgenden Kontaktabbruch durch Therese weiter an.

Therese konsultierte mich zum ersten Mal wegen des Hustens von Engelchen, nachdem Gerda schon längere Zeit endgültig ausgezogen war. Ich hatte anhand des Vorberichts, der Krankheitssymptome und der Allgemeinuntersuchung den Verdacht, dass Engelchen an felinem (von lat. *felis* = Katze) Asthma bronchiale litt. Therese wollte jedoch keine weitergehenden diagnostischen Untersuchungen.

Das feline Asthma bronchiale weist starke Parallelen zum Asthma bronchiale des Menschen auf. Es handelt sich um eine entzündliche Erkrankung der unteren Atemwege, deren genaue Ursache nicht eindeutig erforscht ist. Man vermutet eine allergische Ursache. Ob vorausgehende Infektionen der oberen Atemwege beim felinen Asthma eine Rolle spielen, ist unklar.

Als auslösende Faktoren werden inhalierte Allergene (zum Beispiel Federn, Pollen, Schimmelpilzsporen) und reizende Substanzen (zum Beispiel Katzenstreustaub, Zigarettenrauch, Aerosole, Parfums, Luftverschmutzung) oder andere Stimuli angenommen. Es kommt nach einem wiederholten Kontakt mit den Allergenen zu einer übermäßigen Schleimproduktion, zum akuten Spasmus der glatten Bronchialmuskulatur, zur Wassereinlagerung (Ödem) in die Bronchialwand und zur Gefäßerweiterung. Die Folge davon sind eine massive Verengung der Atemwege und eine verminderte Lungenfunktion. Das Tier leidet dann an anfallsartigem Husten, der von pfeifenden oder rasselnden Atemgeräuschen begleitet wird. Schwere Atemnot mit Giemen, Hecheln und Maulatmung sind weitere mögliche Symptome. Nicht selten tritt ein Hustenanfall während einer Stresssituation oder beim Spielen auf.

Therese berichtete, dass es zu einer Häufung der Hustenanfälle kam, sobald Engelchen nach einem längeren Aufenthalt im Freien wieder die Wohnräume betrat. Dies ließ eine allergische Reaktion auf Hausstaubmilben vermuten. Die Familie hatte jedoch bereits fünf Jahre vor Auftreten der Krankheitssymptome von Engelchen in dem Gebäude gelebt. Das gesamte Haus war außerdem mit Holz-, Kork- und Steinböden ausgestattet. Es gab in den Wohnräumen auch keinen Hinweis auf einen Schimmelpilz. Engelchen benutzte als Freiläuferin keine Katzentoilette; Katzenstreustaub als Allergen fiel also aus. Ebenso Zigarettenrauch, denn sowohl Therese als auch Gerda waren Nichtraucherinnen. Die Symptome traten außerdem bei Engelchen nicht saisonal, sondern ganzjährig auf; Pollen und Gräser schienen also keine Probleme zu bereiten. Man kann natürlich nicht ausschließen, dass die asthmatischen Hustenanfälle durch andere, noch unbekannte Allergene ausgelöst wurden.

In *Krankheit als Symbol* führt Ruediger Dahlke aus, dass eine allergische Reaktion mit Beteiligung der Lunge Themen betrifft, an denen man zu ersticken droht. Er verbindet ganz allgemein mit Allergie folgende Aspekte: »sich sträuben: gegen jemanden oder etwas allergisch sein (...); Allergie als Möglichkeit, nein zu sagen; Konflikt zwischen hoher Aggression und hoher Sensibilität; Krieg auf der Körperebene; Überreaktion, Hochrüstung, Abwehr, überzogenes Feindbild (...); starke unbewusste Aggressivität, nicht erkannte und nicht ausgelebte Aggression (...); Bekämpfung von Angstmachendem (...); Machtspiele (...)«. Es ist nicht von der Hand zu weisen, dass all dies auf die Beziehungssituation von Therese und Gerda zutraf.

Die psychosomatische Deutung des Asthma bronchiale im Speziellen umfasst mehrere Problemkreise, auf die ich hier zum besseren Verständnis der Krankengeschichte von Engelchen ausführlicher eingehen möchte: Ruediger Dahlke und Thorwald Dethlefsen weisen in *Krankheit als Weg* darauf hin, dass die Lunge neben der Haut das größte Kontaktorgan des Organismus ist. Wir stehen über die Atmung mit allem und jedem in Verbindung. Mit der Geburt und unserem ersten Atemzug lösen wir uns aus der symbiotischen Einheit mit unserer Mutter. Nur durch diese Ablösung können wir eigenständige, unabhängige und freie Menschen werden. Hat ein Mensch später ein Problem damit, Luft zu bekommen, so zeigt sich hierin häufig die Angst, den ersten eigenen Schritt in die Freiheit und in die Selbstständigkeit zu tun. Es scheint mir in diesem Zusammenhang erwähnenswert, dass auch Therese im Verlauf ihres Lebens mehrmals an einer Lungenentzündung erkrankt ist. Als Neugeborenes soll sie an einer Fruchtwasseraspiration fast erstickt sein. Im Zusammenleben mit Gerda kam Therese anscheinend erneut mit einem für sie sehr brisanten Thema in Berührung.

In unserem Gespräch wurde Therese mit großer Betroffenheit bewusst, wie oft sie sich in ihrem Leben aus Sehnsucht nach Geborgenheit und Liebe – letztlich vonseiten der Mutter – anderen Menschen angepasst und untergeordnet hat. Sie begriff, wie oft sie dabei ihre Eigenständigkeit und

Unabhängigkeit aufgegeben oder zumindest vernachlässigt hat.

Auch Dahlke und Dethlefsen weisen ausdrücklich auf die große Liebessehnsucht des Asthmatikers hin. Die Autoren machen aber gleichzeitig darauf aufmerksam, dass der Asthmatiker nicht in der Lage ist, Liebe zu geben. Es besteht ein Ungleichgewicht zwischen Geben und Nehmen. Der Asthmapatient atmet die Luft (Liebe) ein, kann diese dann aber nicht mehr ausatmen (Liebe weitergeben). Er will die Luft (Liebe) behalten. Dadurch entsteht eine Störung im natürlichen Rhythmus des Ein- und Ausatmens, anders gesagt des Gebens und Nehmens. Es kommt sekundär zu einem Spasmus der Bronchialmuskulatur (Beziehungskonflikt), der wiederum ein erneutes Einatmen (Liebe nehmen) verhindert. Der Gasaustausch (die Kommunikation) wird dadurch grundlegend behindert und gestört. Der Patient droht an dieser Situation in jeder Hinsicht zu ersticken.

Ich verstehe es so, dass das ausgesprochen starke Liebesbedürfnis das eigentliche Dilemma des Asthmatikers ist. Der Patient läuft deswegen sehr schnell Gefahr, in seinen Beziehungen in ein Abhängigkeitsverhältnis zu geraten. Der Asthmapatient sehnt sich nicht nur nach der Liebe des anderen, er ist von ihr abhängig. Er findet anscheinend keinen Weg in die Eigenliebe und in die Selbstakzeptanz. Um die heißersehnte Liebe vom anderen zu bekommen, ist der Asthmatiker sogar bereit, seine Selbstbestimmung und Selbstständigkeit zu opfern. Seine eigentliche

Not gründet in seinem Unvermögen, die Liebe, die er endlich erhalten hat, nicht zurückgeben oder weitergeben zu können. Er will sie festhalten. Er will seinen Beziehungspartner binden. Es findet dadurch kein freier Austausch zwischen ihm und seinem Partner mehr statt. Unausweichlich fällt der Erkrankte wieder in die gefürchtete Isolation zurück. In diesem Teufelskreis zermürben und erschöpfen sich seine Beziehungen.

Vermutlich hat sich die Freundschaft zwischen Therese und Gerda auch an diesem Konflikt aufgerieben. Ich bin mir sicher, dass Engelchen den K(r)ampf ihres Frauchens gegen die Isolation und das langsame »Ersticken« der Freundschaft mitbekommen hat. Die Erstickungsanfälle der Katze wurden zum Symbol für den inneren Aufruhr. Hinter der Gastfreundlichkeit und der Aufopferungsbereitschaft von Therese stand eine tiefe Sehnsucht nach jener Liebe, die sie in ihrer Kindheit so sehr vermisst hat.

Gerda waren diese Zusammenhänge mit Sicherheit genauso wenig bewusst wie Therese. Jede der beiden Frauen versuchte wohl auf ihre Weise, den Beziehungskonflikt so gut wie möglich zu lösen. Gerda griff dabei auf ein Konfliktbewältigungsmuster von Aggression und Dominanz zurück, das Therese, wie schon damals in ihrer Kindheit, in die Defensive trieb.

Ruediger Dahlke und Thorwald Dethlefsen (*Krankheit als Weg*) greifen in ihrer sehr detaillierten Aufarbeitung des Asthma bronchiale auch den Bezug von Asthma zu den Themen Dominanz und Aggression auf. Der Asthmatiker hat nach Meinung dieser Experten einen sehr hohen Dominanz- und Machtanspruch, den er sich aber nicht eingesteht. Dieser Anspruch kommt verdeckt in der »Aufgeblasenheit« der Lunge zum Vorschein. Wird der Asthmatiker mit dem Dominanz- und Machtanspruch eines anderen Menschen konfrontiert, so reagiert er gern mit einem akuten asthmatischen Anfall – mit Sicherheit hat Engelchen oftmals diesen Part für Therese übernommen –, denn der Asthmatiker habe nie gelernt, seine Aggressionen auf sprachlicher Ebene angemessen zu artikulieren, so Dahlke und Dethlefsen. Zwar möchte er »sich Luft machen«, denn er habe das Gefühl, fast zu zerplatzen, aber jeder Ansatz, seine Aggressionen adäquat in einem Schreien oder Schimpfen zu artikulieren, würde in der Lunge steckenbleiben.

Therese sagte zu mir, sie habe sich immer gescheut, Gerda ihre ehrliche Meinung zu sagen. Für Therese war Aggression von frühester Kindheit an etwas Destruktives und Bedrohliches. Sie beginnt erst jetzt, ihren natürlichen Emotionen, darunter auch Wut und Zorn, freien Lauf zu lassen und sie zu kommunizieren. Ich hatte in unserem Gespräch den Eindruck, dass die Erfahrungen mit Gerda ihr sehr geholfen haben, ja zu sich selbst zu sagen. Therese kann ihre heutigen Beziehungen dadurch sehr viel freier und unabhängiger gestalten.

Katze Engelchen bekam als erstes homöopathisches Arzneimittel Ferrum metallicum C 30 verordnet. Eisen hat als Bestandteil des Hämoglobins, das für den Sauerstofftransport im Blut zuständig ist, eine starke Wirkung auf den Kreislauf und die Schleimhäute. So kam es unter der Gabe von Ferrum metallicum bei Engelchen zu einer verstärkten Schleimproduktion. Als Folgemittel wurde Calcium carbonicum C 30, die Austernschale, gewählt. Es verursachte eine heftige Erstreaktion. Die Häufung und die Länge der Anfälle gingen unter mehrmaligen Gaben in relativ großen Abständen aber langsam zurück. Das Arzneimittel wird nur dann wieder gegeben, wenn Engelchen erneut beginnt, vermehrt zu husten. Da sich die Krankengeschichte schon über zwei Jahre hinzieht, ist damit zu rechnen, dass Engelchen über einen längeren Zeitraum behandelt werden muss. Es können im Verlauf der Behandlung auch noch andere Arzneimittel angezeigt sein.

Die Bauchspeicheldrüsenentzündung von Katze Rosi und Jasmins Studienbeginn

Als mich die Familie von Rosi zum ersten Mal konsultierte, spürte ich eine ungewöhnlich große Sorge um die schwer erkrankte Katze. Es war, als kämpften alle Familienmitglieder um eine gute Freundin. Mir ist während meiner tierärztlichen Tätigkeit nur selten eine so tiefe Besorgnis um ein Tier begegnet.

Rosi war bei der Erstanamnese extrem abgemagert. Sie wirkte ausgezehrt und geschwächt. Die einstmals sehr stattliche Katze hatte innerhalb von zehn Wochen fast zweieinhalb Kilogramm Körpergewicht verloren. Grund für diese starke Gewichtsabnahme war ein anhaltendes Erbrechen. Der Tierarzt hatte Rosi längere Zeit auf eine Entzündung der Magenschleimhaut (Gastritis) behandelt. Es kam trotz der therapeutischen Maßnahmen zu keiner Besserung der Symptomatik.

Rosi entwickelte im Verlauf der Zeit zusätzlich einen breiig-wässrigen Durchfall. Wegen des unstillbaren Erbrechens wollte man das Vorhandensein eines Fremdkörpers oder eines Tumors ausschließen. Deshalb wurde Rosis Bauchhöhle operativ geöffnet. Dabei stellte man eine Entzündung der Bauchspeicheldrüse (Pankreatitis) fest. Rosi blieb während der anschließenden Behandlung nur ein paar Tage beschwerdefrei. Die zusehends geschwächte Katze fraß immer weniger. Bei der Blutuntersuchung stellte man erhöhte Leberwerte und einen Mangel an Vitamin B12 als Zeichen einer Resorptionsstörung des entzündeten Darms fest.

Jasmin, die Tocher der Familie, nahm kurze Zeit nach der Operation Kontakt zu mir auf. Sie erhoffte sich, Rosi mit einer alternativen Heilmethode noch helfen zu können. Ich hatte von Beginn der Behandlung an jedoch die Befürchtung, dass ich diese Hoffnung enttäuschen musste. Rosi befand sich für meine Begriffe bereits in einem weit fortgeschrittenen, wahrscheinlich irreversiblen Krankheitsstadium. Dennoch versuchte ich, ihr zu helfen. Es kamen mehrere homöopathische Arzneimittel zum Einsatz.

Um den Krankheitsverlauf zu verstehen, sind noch einige Informationen zum medizinischen Hintergrund wichtig: Die Bauchspeicheldrüse ist eine zusammengesetzte Drüse, die zwei Funktionen erfüllt. Zum einen wird im sogenannten exokrinen Pankreas der Pankreassaft gebildet, der zusammen mit den in der Galle produzierten Gallensäuren in den Dünndarm abgegeben wird. Die im Pankreassaft enthaltenen Verdauungsenzyme sorgen zusammen mit den Gallensäuren dafür, dass die aufgenommene Nahrung in ihre Einzelbestandteile zerlegt wird. Nur in dieser aufgeschlossenen Form können die verschiedenen Nährstoffe – Eiweiß, Kohlenhydrate, Fette – über den Dünndarm resorbiert und dem Organismus als Energiequelle zugeführt werden. Zum anderen bildet die Bauchspeicheldrüse in den sogenannten Langerhans'schen Inseln, dem endokrinen Pankreas, das blutzuckersenkende Insulin. Funktionsstörungen in diesem Bereich führen zu Diabetes mellitus (Zuckerkrankheit).

Bei einer Pankreatitis ist der exokrine Teil der Bauchspeicheldrüse betroffen. Die Entzündung kann akut oder chronisch verlaufen. Die akute Form zeigt sich nicht selten in schweren Symptomen. Je nach Grad der Entzündung kann es bis zu Funktionseinschränkungen durch Gewebsuntergang kommen.

Oder die Entzündung lässt sich ausheilen, und es gelingt die völlige Wiederherstellung der Bauchspeicheldrüsenfunktion. Die Pankreatitis tritt oft kombiniert mit einer Leberentzündung und/oder einer Darmentzündung auf.

Es heißt, dass neunzig Prozent aller Pankreatiden bei der Katze idiopathisch sind, das heißt, man kennt deren genaue Ursache nicht und zieht verschiedene das Geschehen beeinflussende Faktoren in Betracht. Mögliche Ursachen sind Adipositas (Fettsucht), Bewegungsmangel, fettreiche Fütterung, traumatische Einwirkungen auf das Organ (Bauchoperationen, Unfall), systemische Infektionen (das sind Infektionen, die mehr als eine Körperregion betreffen), Reflux von Dünndarminhalt, bestimmte Medikamente. Eine Reaktion gegen körpereigenes Gewebe (Autoimmungeschehen) ist nicht auszuschließen. Es kommt in der Regel zu Appetitverlust, Erbrechen, Durchfall und Bauchschmerzen. In einer schweren Verlaufsform können Fieber, eine erhöhte Atemfrequenz, Schocksymptome bis hin zu generalisiertem Organversagen auftreten. Die chronische Form kann sich sowohl aus einer wiederholt auftretenden (rezidivierenden) akuten Pankreatitis als auch selbstständig entwickeln. Sie führt durch den fortdauernden entzündlichen Prozess oft zur irreversiblen Schädigung der Bauchspeicheldrüse (Pankreasfibrose, Pankreaszirrhose).

Ruediger Dahlke spricht von der Bauchspeicheldrüse als einer »Stätte der Sprengstoffproduktion für die Nahrungszerlegung«, als Ort, an dem eine aggressive und energische Analyse stattfindet. Die Entzündung dieses Organs deutet er als einen »Krieg in der Sprengsatzfabrik«. Es handelt sich um eine doppelt gefährliche Angelegenheit (Krieg und Sprengstoff). Das Thema beim Pankreatitis-Patienten scheint die Konfliktvermeidung beziehungsweise die Vermeidung der Analyse zu sein. Der Erkrankte ist nicht in der Lage, seine Lebenssituation zu betrachten und sich sinnvoll damit auseinanderzusetzen.

Rosi kam als Kätzchen in die Familie von Jasmin. Rosi soll schon von klein auf ein ganz besonders lustiges Wesen gehabt haben. Jasmin wuchs geschwisterlos auf und fand in der Katze jemanden, dem sie ganz vertrauen konnte. Rosi war eine zu allen Schandtaten aufgelegte Spielgefährtin, eine geduldige Ansprechpartnerin, eine verschmuste Trösterin, kurzum die beste Freundin von Jasmin. Mir wurde erst durch die Art und Weise, wie Jasmin mir während meines Hausbesuchs ihre innige Freundschaft zu Rosi schilderte, bewusst, wie außerordentlich wichtig die Katze in ihrem Leben war. Jetzt konnte ich auch die tiefe Sorge der ganzen Familie um den Gesundheitszustand von Rosi verstehen. Rosi füllte mit ihrem liebenswürdigen Wesen einen außerordentlich großen und wichtigen Platz im Herzen von Jasmin aus.

Jasmin, heute eine junge Studentin von sehr offenem und liebenswürdigem Wesen, hat sich zusammen mit mir sehr engagiert um ein tieferes Verständnis für Rosis Leiden bemüht. Während der Aufarbeitung des Krankheitsfalles der Katze wurde vor allem Jasmins Mutter sehr stark mit den Themen Konfliktvermeidung und Vermeidung der Analyse konfrontiert. Ich schätze es sehr, dass sie sich wie auch die ganze Familie auf diese Themen und den damit verbundenen nicht ganz einfachen Prozess eingelassen hat – einschließlich des Lebenspartners von Jasmins Mutter, von dem ich immer den Eindruck hatte, er würde alles dafür geben, dass Rosi wieder gesund wird. Eine erstaunliche Tierliebe! Die psychosomatische Deutung des Krankheitsbildes von Rosi hat in der Familie insgesamt sehr viel in Bewegung gebracht.

Jasmin erzählte mir, dass sich ihre Eltern getrennt haben, als sie sechs Jahre alt war. Die Mutter ging später wieder neue Beziehungen ein. Jasmin muss ein sehr offenes Kind gewesen sein, und sie baute zu jedem der neuen Lebenspartner eine Bindung auf. Leider kam es immer wieder zur Trennung. Später hat sich die Mutter an ihren jetzigen Lebenspartner fester gebunden. Während der Schulzeit verbrachte Jasmin wegen der Arbeitssituation der Mutter sehr viel Zeit allein. Als die Schulleistungen von Jasmin absanken, versuchte ihre Mutter, das Problem mit Lerndruck und Ausgehverboten zu lösen. Als Jasmin vierzehn Jahre alt war, kam Rosi in die Familie. Das junge Mädchen befand sich in dieser Zeit in einer sehr schwierigen Lebensphase. Jasmin entwickelte eine Essstörung und zeigte Anzeichen von selbstverletzendem Verhalten. Ihre Mutter ignorierte all diese Symptome. Als Jasmin dann ihr Hochschulstudium aufnahm, begann auch für Rosi ein neuer Abschnitt. Sie lebte nun fast ausschließlich mit der Mutter und deren Lebenspartner zusammen.

Während eines Hausbesuchs fand auch ein vertrauliches Gespräch zwischen Jasmins Mutter und mir statt. Sie erzählte mir von der in den letzten Jahren sehr angespannten Beziehung zu ihrem Lebenspartner. Sie konnte, obwohl sie mit ihrer Beziehung unzufrieden war, jedoch kein klärendes Gespräch mit ihrem Partner führen. Die Stimmung zwischen den beiden war deshalb oft gereizt und lieblos. Ich spürte im Gespräch eine starke Ratlosigkeit und Enttäuschung darüber, dass auch der Partner nicht in der Lage war, die Beziehungskrise anzusprechen.

Rosi wurde ein Jahr nach dem Studienbeginn von Jasmin zum ersten Mal krank: Kehlkopfentzündung. Psychosomatisch gesehen hat der daran erkrankte Mensch eine Wut darauf, dass er so wenig zu sich selbst und zu seiner Lebensstimmung stehen kann.

Wiederum ein Jahr später litt Rosi an einer akuten Nierenentzündung (Glomerulonephritis). Nach der Krankheitsbilder-Deutung steht die Niere für den Ausgleich der inneren Gegensätze, für die Partnerschaft und für die Schwierigkeit, Seelisches loszulassen. Die an einer Nephritis beteiligten Erreger können aus dem Rachenbereich in die Niere geschwemmt werden.

Ein halbes Jahr nach der Nierenentzündung begann Rosi, vermehrt zu erbrechen. Die Deutung in Dahlkes Handbuch *Krankheit als Symbol* zum Thema Erbrechen ist in diesem Zusammenhang sehr aufschlussreich: »etwas *bricht* hervor; zu viel Unpassendes/Unverdauliches in sich hineingestopft haben; sich der Dinge und Eindrücke, die man nicht haben/verdauen will, entledigen; Abwehr, Ablehnung, Nichtakzeptieren: ›der Magen dreht sich mir um‹; ›etwas kommt mir wieder hoch‹ (...); Erleichterung, Befreiung suchen, etwas Bedrückendes loslassen wollen (...)«.

Mit der Zeit entwickelte Rosi schließlich die Pankreatitis, und es scheint so, als ob sie alle Konflikte des Paares in unterschiedlichen körperlichen Bildern zum Ausdruck gebracht hat. Die Erkrankung schritt dabei immer weiter voran.

Rosis Fall ist ein typisches Bild für den Verlauf eines unterdrückten Krankheitsgeschehens. Man spricht in der klassischen Homöopathie von einer Unterdrückung, wenn im Rahmen einer Therapie nicht die verstimmte Lebenskraft, sondern lediglich die Auswirkung, die sich als Krankheitssymptom manifestiert, behandelt wird. Je länger und intensiver unterdrückt wird, umso mehr eskaliert das Krankheitsgeschehen. Dabei werden verschiedene Ebenen oder Stadien durchlaufen: Zunächst ist oft ein Organ betroffen, das im Gesamtorganismus eine eher untergeordnete Rolle spielt; bei Rosi war es der Kehlkopf. Wird das Symptom – in Rosis Fall die Kehlkopfentzündung – unterdrückt, sucht sich eine anhaltend verstimmte Lebenskraft ein neues Ventil. Nicht selten erkrankt dann ein Organ, das im Organismus eine wichtige Funktion übernimmt. Oftmals handelt es sich um ein paarig angelegtes Organ, bei Rosi die Niere. Hiermit beugt der Körper einem totalen Funktionsausfall vor, denn es ist ja eine Kompensation durch das Partnerorgan möglich. Wird auch dieses Symptom unterdrückt, erkrankt ein unpaares Organ wie der Magen oder die Bauchspeicheldrüse.

Zwischen den einzelnen Krankheitsphasen kann oft sehr viel Zeit verstreichen. Je nach Konstitution des Patienten kann das Leiden auch über einen langen Zeitraum nur auf eine Ebene beschränkt bleiben, was sich als chronische Erkrankung zeigt. Es ist auch möglich, dass es innerhalb dieser einen Ebene weiter in die Tiefe sinkt – zum Beispiel wenn aus einer chronischen Entzündung, die kontinuierlich unterdrückt wird, ein Tumor entsteht.

Rosi reagierte mäßig auf die homöopathische Behandlung. Sie erbrach zwar weniger, aber sie entwickelte nur einen geringfügig besseren Appetit. Nach etwa zwei Wochen trat ein sonderbares Phänomen auf: Nach einer intensiven Aussprache zwischen den Familienmitgliedern, in der Enttäuschungen eingestanden und Bedürfnisse geäußert wurden, fraß Rosi plötzlich auffallend viel und erbrach sich auch nicht mehr. Der starke Durchfall blieb allerdings weiter bestehen. Alle Familienmitglieder und auch ich waren überaus glücklich über diese Entwicklung.

Dann geschah jedoch etwas für uns alle sehr Trauriges: Rosi musste notfallmäßig wegen einer Invagination, einer Einstülpung eines Darmabschnitts in einen anderen, eingeschläfert werden. Durch eine Invagination ist keine Darmpassage mehr möglich. Invaginationen sind gefürchtete Komplikationen bei sehr starken Durchfällen.

Vielleicht müssen wir es so verstehen, dass Rosi ihren »Dienst« hier auf Erden erfüllt hatte. Sie konnte zu ihren Lebzeiten den Menschen, die sie wirklich sehr geliebt haben, dazu verhelfen, wieder ihre Herzen füreinander zu öffnen.

Die Verdauungsbeschwerden von Kater Attila und Daniels Schwierigkeiten am Arbeitsplatz

Attila, ein elfjähriger Kater, lebt zusammen mit seiner Schwester Cleopatra bei Daniel und Sarah. Die Katzen kamen schon im Alter von zehn Wochen zu dem Ehepaar, das die beiden über alles liebt.

Der überaus korrekte Daniel wurde mehr als zwei Jahre lang von der Chefetage aus gemobbt. Auslöser war wohl, dass er in seinem Verantwortungsbereich rechtswidrige Machenschaften seitens der Firmenbesitzer aufgedeckt und beanstandet hatte. Daniel, der ein sehr stark ausgeprägtes Rechtsempfinden und ein sehr großes Pflichtbewusstsein besitzt, kam mit der Ausgrenzung sehr schwer zurecht. Er fühlte sich der Firma gegenüber stets loyal verbunden. Umso mehr kränkte und enttäuschte ihn die Art und Weise, wie man ihn behandelte. Obwohl sich Daniel an seinem Arbeitsplatz immer unwohler fühlte, konnte er der Firma dennoch nicht den Rücken kehren. Als Grund gab er die Finanzkrise an. Schließlich wurde ihm gekündigt. Die Entlassung demütigte und verletzte Daniel sehr.

Daniel fand sehr schnell nach der Kündigung eine Neuanstellung. Kurz darauf begann Attila, Verdauungsstörungen zu entwickeln. Der Kater litt anfänglich im Abstand von etwa drei Monaten phasenweise unter starkem Erbrechen, das meist mit einem breiigen Durchfall kombiniert war. Während Daniel und Sarah arbeiten waren, verunreinigte Attila oftmals mit seinem Kot und Erbrochenen die Wohnung, bevorzugt seine Spielecken und Schlafplätze. Sogar sein Körper war teilweise kotverschmiert. Sarah berichtete mir, dass sie bei ihrer Rückkehr Attila mit einem extremen Würgereiz verschüchtert in einer Ecke sitzend vorfand.

Ich habe bei der Krankengeschichte von Katze Rosi bereits angedeutet, dass ein Mensch, der unter Erbrechen leidet, oft in jeder Hinsicht zu viel Unpassendes und Unverdauliches schluckt und sich dann der Dinge entledigt, die er nicht integrieren kann. Erbrechen ist ein massiver Ausdruck von Abwehr und Ablehnung. Nach Dahlke fehlt dem Magenkranken die Fähigkeit, mit seinem Ärger und seinen Aggressionen bewusst umzugehen. Er kann Konflikte und Probleme nicht selbstverantwortlich lösen. Er frisst entweder die Aggressionen in sich hinein, oder er zeigt ein übertrieben aggressives Verhalten. Der Patient will keinen Ärger; er sehnt sich unbewusst in eine konfliktfreie Kindheit zurück. Daniel hat mir anvertraut, dass er diese leider nicht erlebt habe.

Auf der Ebene der Krankheitsbilder-Deutung weist Durchfall darauf hin, dass der Patient Gelegenheiten und Chancen verstreichen lässt. Er betreibt ein Übermaß an (Detail-)Analyse und Kritik. Er lässt die Eindrücke unverdaut durch sich hindurchfallen. Er hat Existenzangst, Lebensangst, und es fehlt ihm an Flexibilität. Er hält vergeblich am Alten fest. Die Krankheitssymptome, die Kater Attila entwickelte, sind ein starker Hinweis darauf, dass Daniel die Kündigung nicht verarbeiten beziehungsweise nicht verdauen konnte.

Der behandelnde Tierarzt ging bei Attila zunächst von einer Haarballengastritis aus. Die Brech- und Durchfallattacken besserten sich durch die Behandlung aber nur kurzfristig. Vielmehr traten die Beschwerden dann immer häufiger auf; etwa alle zwei Wochen hielten sie für ein bis drei Tage an. Die Eheleute erzählten mir, dass es Attila meist genau an jenen Tagen schlecht ging, an denen Daniel sehr viel Stress in der neuen Arbeit hatte. Die Situation spitzte sich mit der Zeit immer mehr zu.

In der neuen Firma setzte sich Daniel sehr stark unter Druck. Er sagte mir, dass er sich nur sicher fühlen könne, wenn er sehr viel leiste. Dieser enorme Leistungsanspruch führte schließlich bei ihm zu einem Burn-out-Syndrom. Wie sich Menschen mit Burn-out an falscher Stelle verbrennen und verheizen lassen, beschreibt Ruediger Dahlke in seinem Buch *Der Seeleninfarkt*.

Kater Attila wurde in dieser Phase kurzzeitig mit einem Antibiotikum versorgt. Es kam aber trotz Therapie zu keiner Verbesserung der Symptomatik. Nach der Behandlung entwickelte Attila vielmehr eine hartnäckige Verstopfung bei anhaltendem Erbrechen. Er konnte ein Jahr lang nur noch unter Verabreichung von Paraffinöl Kot absetzen. Durch das chronische Erbrechen verlor Attila innerhalb eines Jahres zweieinhalb Kilo Körpergewicht.

Das Symptom Verstopfung ist ein Hinweis auf ein Nicht-hergeben-Wollen beziehungsweise ein Festhalten-Wollen. Die Patienten sind unfähig, Dinge loszulassen. In *Krankheit als Symbol* stellt Ruediger Dahlke zum Thema Verstopfung unter anderem folgende Themen zur Diskussion: »Angst mittellos dazustehen (…); sich mit Unbrauchbarem belasten (…); nicht mit dem Verdauen fertig werden (…); Perfektionismus (…); übertrieben vorsichtig sein (…); sich alles zu Herzen nehmen (…); sich der eigenen Schattenseiten schämen (…); Unvermögen, seelische Eindrücke hinter sich zu lassen (…); nicht teilnehmen am Kreislauf des Lebens: ausgetrocknetes, hartes Leben (…)«.

Daniel konnte selbst nach vielen Jahren die Verletzungen, die er in der alten Firma erfahren hatte, nicht überwinden und loslassen. Ich gewann auch den Eindruck, dass er um jeden Preis vermeiden wollte, seine neue Arbeitsstelle zu verlieren. Für ihn hat Sicherheit oberste Priorität. Der Satz, der nach unserem Gespräch am stärksten bei mir nachhallte, lautete: »Ich muss so lange arbeiten, bis ich Sicherheit empfinde.« Daniel berichtete mir auch von seiner außergewöhnlich schweren Kindheit und Jugend. Ich war sehr beeindruckt von dem inneren Kampf, den er schon von Kindesbeinen an mit sich selbst führt.

Es war Daniels Ehefrau Sarah, eine sehr fürsorgliche, verantwortungsvolle Katzenhalterin und ebenfalls äußerst besorgt um das Befinden von Attila, die mich konsultierte. Sie stimmte sehr schnell in meine »Philosophie« ein, zumal sie sofort einen Zusammenhang zwischen dem Befinden ihres Ehemannes und den Beschwerden ihres Katers herstellen konnte. Schon bei unserer ersten Begegnung schüttete Sarah mir ihr Herz aus. Im weiteren Verlauf hat sie sich auch bei ihrem Mann für die Veröffentlichung der Krankengeschichte eingesetzt.

Attila machte bei meinem ersten Hausbesuch seinem Namen keine Ehre. Er war für seine Körpergröße viel zu mager, und er wirkte sehr labil. Ich verordnete Attila das potenzierte Gift der Buschmeisterschlange: Lachesis C 200. Nach einigen Gaben erbrach sich Attila nur noch sehr selten. Außerdem konnte er sehr bald nach Therapiebeginn wieder ohne Beschwerden (und ohne Paraffinöl) Kot absetzen.

Etwa ein halbes Jahr nach Therapiebeginn kam der Durchfall wieder zurück. Das Wiederauftreten alter Symptome während einer homöopathischen Behandlung wird nach der sogenannten Hering'schen Regel aber als sehr positiv bewertet. Der Körper »erinnert« sich gewissermaßen an die einstmals unterdrückten Krankheitssymptome. Jetzt kann deren Ursache, die verstimmte Lebenskraft, mit dem dynamisierten Arzneimittel geheilt werden. Meist ist an diesem Punkt der Behandlung eine Neuverschreibung notwendig. Ich wechselte auf Phosphorus C 200. Attila ging es bald darauf wieder gut. Phosphorus-Patienten sind sehr empathisch. Sie nehmen die feinsten Schwingungen wahr und können sich in der Regel sehr schwer gegenüber äußeren Eindrücken abgrenzen.

Es war mir eine große Freude, mit Daniel und Sarah und ihrem Kater Attila zusammenzuarbeiten. Die drei haben es mir leicht gemacht, die tiefere Wurzel der Erkrankung sehr schnell zu verstehen.

Was sagen uns die Krankengeschichten der Haustiere?

Jeder Krankheitsfall muss individuell betrachtet werden – darauf habe ich bereits hingewiesen. Darüber hinaus kann man genau genommen nur dann einen Zusammenhang zwischen der Krankheit des Tieres und der Lebenssituation des Tierhalters herstellen, wenn die beiden kontinuierlich über einen längeren Zeitraum zusammengelebt haben. Wie immer bestätigen Ausnahmen die Regel.

Natürlich spielt auch die Vorgeschichte des Tieres eine Rolle, das heißt sowohl die Art und Weise, wie es aufgezogen wurde, als auch Erfahrungen mit früheren Besitzern oder mit Artgenossen. Letzteres betrifft bei Katzen vor allem die Freiläufer. Erbkrankheiten müssen gesondert betrachtet werden. Außerdem gibt es beim Tier, genauso wie beim Menschen, individuelle Unterschiede hinsichtlich der gefühlsmäßigen Identifikation. Manche Vierbeiner fügen sich sehr stark und außerordentlich schnell in die Gefühls- und Gedankenwelt ihres Besitzers ein. Andere wiederum brauchen mehr Zeit dazu oder finden vielleicht gar keinen Zugang zu ihnen. Ich habe zudem beobachtet, dass in einem Haushalt, in dem mehrere Tiere leben, wie das zum Beispiel bei Betty, Lotti oder Attila der Fall ist, meist jenes Tier krank wird, das die stärkste Bindung zu dem am meisten betroffenen Familienmitglied hat. Hunde und Wohnungskatzen sind oft mehr in die Lebenssituation ihres Besitzers involviert als freilaufende Katzen.

Obwohl ich mich in den letzten Jahren sehr ausführlich mit dem Fach Psychosomatik und den Interaktionen zwischen einem Tierhalter und seinem kranken Haustier beschäftigt habe, war ich bei der Aufarbeitung der Krankheitsfälle sehr erstaunt über die teils frappierenden Parallelen zwischen dem psychischen Befinden des Haustierbesitzers und dem Krankheitsbild seines Tieres. Es bestätigte die These, dass Tiere mit ihrem Herrchen oder Frauchen auf das Engste verbunden sind. Man hat sogar den Eindruck, als würden beide eine Einheit bilden.

Im Zusammenleben mit Menschen können Haustiere anscheinend ihren eigenen Gemütszustand nicht mehr von dem ihres Besitzers unterscheiden. Das Tier taucht gleichsam in die Gefühlswelt seines Versorgers hinein. Wenn die negativen, konfliktbeladenen Emotionen des Menschen eine gewisse Intensität erreicht haben, transformiert das Haustier diese auch in Krankheitssymptome, die dann nicht mehr zu übersehen sind.

Die Einheit allen Seins

Zur Erklärung dieses Phänomens, dass Tiere zum Spiegel seelisch-emotionaler Vorgänge im Menschen werden, drängen sich zahlreiche Fragen auf: Verfolgen die Tiere mit ihrer Erkrankung unter Umständen eine Intention? Tragen die Tiere mit ihrer Krankheit etwas für den Menschen aus? Schützen sie ihn vielleicht sogar vor einer eigenen körperlichen Erkrankung? Was würde passieren, wenn diese »Übernahme« nicht stattfände? Wie ist es überhaupt möglich, dass ein Tier eine Krankheit entwickelt, die psychosomatisch gesehen den emotionalen Zustand seines Tierhalters aufgreift? Was ist das geistige Prinzip hinter diesen wundersamen Erscheinungen? Haben wir es bei diesem Geschehen mit einer übergeordneten Information zu tun?

In einfachen Worten gesagt, offenbart sich in diesen Krankengeschichten auf anrührende Weise das besondere Band zwischen Mensch und Tier. Es ist letztlich ein Ausdruck der Einheit allen Seins. Nach Hans-Peter Dürr, dem vielfach ausgezeichneten Atomphysiker und ehemaligen Direktor des Max-Planck-Instituts für Physik, ist die Verbindung, der Zusammenhang, das eigentliche Urphänomen, dem alles zugrunde liegt.[6] Vor diesem Hintergrund können wir auch die Fallgeschichten dieses Buches verstehen.

Der Zustand der Einheit besagt, dass es in dieser Welt keine Teile, sondern nur Teilhabende gibt, so der Atomphysiker Hans-Peter Dürr.[7] Alles hängt mit allem zusammen. Jeder ist mit jedem verbunden. Die gesamte Schöpfung ist miteinander vernetzt. Anders gesagt, ist jedes Individuum wie eine Welle, die sich im Ozean mit allen anderen Wellen vereint. Unser rationaler Verstand kann sich diese Einheit schwer vorstellen, weil er denkend und handelnd

---

6 Hans-Peter Dürr: *Geist, Kosmos und Physik. Gedanken über die Einheit des Lebens*. Amerang, 2010.

7 Hans-Peter Dürr/Raimon Panikkar: *Liebe – Urquelle des Kosmos. Ein Gespräch über Naturwissenschaft und Religion*. Freiburg, 2013.

ständig eine Spaltung in Subjekt (ich) und Objekt (die anderen) vornimmt; man sieht sich getrennt von der Umwelt. Und doch ist die Einheit, den Erkenntnissen der modernen Physik zufolge, unsere letzte Wirklichkeit.

Am Übergang vom 19. zum 20. Jahrhundert kamen die Väter der Quantenphysik – Max Planck, Werner Heisenberg, Niels Bohr und Erwin Schrödinger – zu erstaunlichen Forschungsergebnissen, die für viele Menschen bis heute noch nicht zum Allgemeinwissen gehören, obwohl unsere moderne Technik darauf beruht. Ihre Entdeckung, dass Materie gar nicht existiert und dass alles, was zu unserer Schöpfung gehört, untrennbar miteinander verbunden ist, lösten das alte, im Wesentlichen von René Descartes und Isaac Newton geprägte mechanistische Weltbild ab.

In der klassischen Physik ging man davon aus, dass das Atom die kleinste Einheit der Materie ist. Dann stellte man fest, dass das Atom eine Struktur hat. Ähnlich wie eine Art Planetensystem besteht es aus einem Atomkern und den ihn umkreisenden Elektronen. Bei der Untersuchung dieser Elementarteilchen beobachteten die Wissenschaftler schließlich, dass sich die Elektronen während der Rotation um den Kern nicht nach den bis dahin bekannten Newton'schen Mechanikgesetzen verhielten. Es war bei den Messungen nicht möglich, die Eigenschaft eines Elektrons vollständig zu erfassen. Entweder konnte man seinen Ort oder seine Geschwindigkeit feststellen, nicht aber beide Faktoren gleichzeitig, was man heute als Heisenberg'sche Unschärferelation bezeichnet: Je nach Betrachtungsweise verhält sich das Elektron wie ein Teilchen oder wie eine Welle. Man spricht deshalb von einem Welle-Teilchen-Dualismus.

Wie diese Wellenbewegung zustande kommt, hat der Heisenberg-Schüler Hans-Peter Dürr sehr verständlich erklärt. Man darf es sich so vorstellen, dass das Elektron in einer solchen Geschwindigkeit um den Kern rast oder rotiert, dass es sich überall gleichzeitig befindet. Das Elektron »verschmiert« dabei förmlich auf der Schale; es ist dann kein Teilchen mehr, sondern eine Wellenbewegung. Eine Welle wiederum ist eine sich räumlich ausbreitende Schwingung, die Energie oder, anders gesagt, Information transportiert. Die Wellen dehnen sich unendlich aus, sodass keine Trennung der Objekte mehr möglich ist. Damit hängt alles mit allem untrennbar zusammen.

Anzumerken ist, dass Emotionen und Gedanken, die in unserem Kontext eine wesentliche Rolle spielen, mentale Formen sind. Diese Formen sind zwar nicht fassbar wie ein materieller Gegenstand, aber sie besitzen dennoch Energie (Information), die durch Schwingung auf die Umgebung übertragen wird.

Auch der Psychiater C. G. Jung hat von einem Phänomen der Einheit gesprochen und dieses als kollektives Unbewusstes bezeichnet. Nach seinen Erkenntnissen ist der Mensch kein abgegrenztes Einzelwesen mehr, sondern er weitet sich aus und verschmilzt mit dem Wesen der Menschheit, und zwar auf der tiefsten Schicht des Unbewussten. Auf dieser Erfahrungsebene kann der Mensch nicht mehr unterscheiden, ob etwas ihm selbst oder einem anderen geschieht.

Rupert Sheldrake erwähnt eine Art inneres Band, das zwischen den Mitgliedern sozialer Gruppen und Verbände – zum Beispiel Stämme, Familien, Rudel, Vogel- oder Fischwärme – unabhängig von Raum und Zeit existiert. Jedes einzelne Mitglied einer solchen Gruppe ist über ein sogenanntes morphisches Feld sowohl mit seinen Ahnen als auch mit seinen noch lebenden Verwandten, egal wie weit diese von ihm entfernt sind, verbunden. Dieses Feld ist entwicklungsfähig und enthält eine Art kollektives Gedächtnis, das an jedes Mitglied weitergegeben wird. Sheldrake sagt, dass wir uns alle in solche kollektiven Gedächtnisse einschalten. Er vergleicht dieses Phänomen in Bezug auf den Menschen auch mit dem von C. G. Jung beschriebenen kollektiven Unbewussten.

Je mehr sich also die Atomphysiker den kleinsten Strukturen der Materie annäherten, desto mehr hat sich diese vor ihren Augen aufgelöst, und es war ab einem gewissen Punkt physikalisch nicht mehr nachvollziehbar, was aus ihr geworden ist. Dazu mussten die Wissenschaftler sozusagen über den Zaun steigen, der den Naturwissenschaftler vom Philosophen und Mystiker trennt.

Hans-Peter Dürr und auch andere Atomphysiker haben diese Hürde genommen und fanden dann, auf der Gegenseite angekommen, auch wieder Worte für diese Dimension. Hans-Peter Dürr spricht von Geist, Spirit, letztlich von Liebe. Ihm zufolge ist Liebe die Urquelle des Kosmos, und das Fundament unserer Wirklichkeit ist nicht die Materie, sondern etwas Spirituelles. In einem Interview erläuterte er: »Im Grunde gibt es Materie gar nicht. Jedenfalls nicht im geläufigen Sinne. Es gibt nur ein Beziehungsgefüge, ständigen Wandel, Lebendigkeit. Wir tun uns schwer, uns dies vorzustellen. Primär existiert nur Zusammenhang, das Verbindende ohne materielle Grundlage. Wir können es auch Geist nennen. Etwas, das wir nur spontan erleben und nicht greifen können. Materie und Energie treten erst sekundär in Erscheinung – gewissermaßen als geronnener, erstarrter Geist.«[8]

Auch der Physiker Max Planck, nach dessen Forschungsergebnissen die Quantenphysik formuliert wurde, rang um Worte, als er auf der anderen Seite des Zaunes angekommen war. In einem Vortrag in Bologna im Jahre 1905 soll er Folgendes dazu ausgeführt haben: »Meine Herren, als Physiker, der sein ganzes Leben der nüchternen Wissenschaft, der Erforschung der Materie widmete, bin ich sicher von dem Verdacht frei, für einen Schwarmgeist gehalten

---

8 P. M. *Magazin*, 05/2007.

zu werden. Und so sage ich nach meinen Erforschungen des Atoms dieses: Es gibt keine Masse an sich. Alle Materie entsteht und besteht nur durch eine Kraft, welche die Atomteilchen in Schwingung bringt und sie zum winzigsten Sonnensystem des Alls zusammenhält. Da es im ganzen Weltall aber weder eine intelligente Kraft noch eine ewige Kraft gibt – es ist der Menschheit noch nicht gelungen, das heiß ersehnte Perpetuum mobile zu erfinden –, so müssen wir hinter dieser Kraft einen bewussten und intelligenten Geist annehmen. Dieser Geist ist der Urgrund aller Materie. Nicht die sichtbare, aber vergängliche Materie ist das Reale, Wahre, Wirkliche – denn die Materie bestünde ohne den Geist überhaupt nicht –, sondern der unsichtbare, unsterbliche Geist ist das Wahre! Da es aber Geist an sich ebenfalls nicht geben kann, sondern der Geist einem Wesen zugehört, müssen wir zwingend Geistwesen annehmen. Da aber auch Geistwesen nicht aus sich selber sein können, sondern geschaffen werden müssen, so scheue ich mich nicht, diesen geheimnisvollen Schöpfer ebenso zu benennen, wie ihn alle Kulturvölker der Erde früherer Jahrtausende genannt haben: Gott! Damit kommt der Physiker, der sich mit der Materie zu befassen hat, vom Reiche des Stoffes in das Reich des Geistes. Und damit ist unsere Aufgabe zu Ende, und wir müssen unser Forschen weitergeben in die Hände der Philosophie.«

Bedingungslose Liebe

Unsere Welt ist offenbar von einem Geist erfüllt, den wir Menschen als Gott oder auch absolutes, reines Bewusstsein bezeichnen. Annähernd erlebbar wird dies als eine uneingeschränkte, bedingungslose, allumfassende Liebeskraft, die den gesamten Kosmos durchdringt. Doch da wir in einer Welt der Polarität leben, können wir uns nicht nur die Einheit, sondern auch die bedingungslose Liebe schwer vorstellen. Im Zentrum unserer Liebeshandlungen steht unser Ich, das abwägt, urteilt, besitzen will und befriedigt werden möchte. Die Liebe, die wir als Menschen erfahren und weitergeben, ist deshalb in der Regel an Bedingungen geknüpft. Die bedingungslose Liebe hingegen ist absichtslos. Sie hat keine Erwartungen und will nichts bewirken. Sie verschwendet sich förmlich und leistet dem, was geschieht, keinen Widerstand. Sie kann nicht werten und nicht urteilen. In ihrer Bedingungslosigkeit bewirkt sie jedoch etwas Paradoxes: Sie verbindet, gerade weil sie keine Bindung beabsichtigt. Deshalb ist die bedingungslose Liebe die Wurzel der Einheit und im weitesten Sinne wohl auch die Ursache der Gravitation.

Ich möchte an dieser Stelle noch von einem persönlichen Erlebnis berichten, das mir vor mehr als zehn Jahren zuteilgeworden ist und über das ich lange geschwiegen habe. Vorausgeschickt sei, dass drei Jahre zuvor meine Mutter und meine Schwester innerhalb kürzester Zeit plötzlich den Tod fanden. Meine Mutter starb nach einer Operation, vermutlich an einer Embolie, und fünf Wochen später verunglückte meine Schwester mit dem Auto tödlich. Nach diesen Geschehnissen begab ich mich auf eine Gottessuche, durch die meine traditionell überlieferten Vorstellungen vollkommen in Frage gestellt wurden. Auf diesem Weg, auf dem ich nach Antworten auf meine metaphysischen und existenziellen Fragen suchte, wurde mir nach drei Jahren eine spirituelle Erfahrung zuteil, die mein Leben nachhaltig verändert hat. Immer völlig unverhofft wurde ich vier Mal im Abstand von jeweils ungefähr einem Monat von einer physikalisch als Druck wahrnehmbaren Energie berührt. Sie barg eine so intensive bedingungslose Liebe in sich, die ich mit Worten nicht im Entferntesten beschreiben kann. Mir kamen ein für mich kaum annehmbares Übermaß an uneingeschränkter Zuneigung und Liebe, eine überwältigende Flut an tiefstem Verständnis für mein Wesen, ein unvorstellbar großes Ausmaß an immerwährender Fürsorge und eine in alle Ewigkeit gewiss erscheinende Treue entgegen – dies ist nur ein kläglicher Versuch, jene Erfahrung einer Dimension des Göttlichen-Ungeteilten, die mir damals widerfuhr, zu kommunizieren. Ich verstehe mein Erlebnis als eine Art »Gotteszuwendung«, und sie hat mein nur allzu menschliches, von Ängsten und Bedenken geprägtes Lebensgefühl für Augenblicke in einem tiefen Frieden und in einer umfassenden Geborgenheit aufgelöst. Ich erkannte, dass die vermeintliche Trennung von Gott nicht von Ihm, sondern allein von mir ausgeht.

Eine Liebe in diesem Ausmaß kann man hier auf der Erde nicht erfahren. Die höchste Liebesform, die ein Mensch in einem anderen Menschen finden kann, ist nur ein schwacher Abglanz dessen, was ich in diesen wenigen Momenten spüren durfte. Bis heute trage ich dieses Erlebnis als ein großes Geschenk in meinem Herzen. Seither bin ich mir sicher, dass der »Urgrund der Materie«, Gott, reine bedingungslose Liebe ist, und ich weiß seit diesen Begebenheiten, dass unsere sogenannte Realität nur ein kleiner Teilaspekt eines viel größeren Ganzen ist.

Letztlich weiß jeder von uns tief in seinem Innern, dass jene tiefe und unerschütterliche Liebe, die das Große und Ganze zusammenhält, unsere eigentliche Heimat ist. Nach ihr sehnen wir Menschen uns oft zeitlebens und hoffen, sie in unseren Beziehungen zu erlangen. Doch wir finden mit unserem Tagesbewusstsein, das von einem persönlichen Ego regiert wird, keinen direkten Zugang zu ihr. Heutzutage versuchen aber immer mehr Menschen, sich ihr über verschiedene Meditationstechniken anzunähern.

Viele Mystiker und auch Neurowissenschaftler sind der Auffassung, dass dieses Ich im Zentrum unseres Bewusstseins letztlich eine Illusion ist. Doch auf anderer Ebene haben die Väter der Psychologie – Freud, Jung und Adler – sich mit dem Bewusstsein des Menschen ausführlich befasst. Es würde allerdings den Rahmen dieses Buches sprengen, hier ins Detail zu gehen. Zumindest sei erwähnt, dass aus Sicht eines Psychiaters und Psychoanalytikers wie C. G. Jung verschiedene Funktionen des Bewusstseins existieren wie das Denken (Verstand), das Empfinden, das Fühlen und die Intuition. Interessant ist nun zu untersuchen, wie sich das Bewusstsein des Menschen von dem der höheren Tiere unterscheidet, also von jenen Arten, die »in ihrem Auftritt eine gefühlte Nähe zu unserem Tun und zu unseren Äußerungen haben«, wie es der Journalist Claus-Peter Lieckfeld so trefflich formuliert hat.[9]

Das Bewusstsein der Tiere

Es steht für viele Ethologen (vergleichende Verhaltensforscher) und Neurobiologen inzwischen außer Frage, dass die höheren Tiere über ein Bewusstsein verfügen. Vor allem der Verhaltensforscher Donald R. Griffin hat mit seinem Klassiker *Wie Tiere denken* plausible Hinweise dafür liefern können, dass Tiere denkende und fühlende Wesen sind.[10] Doch

---

9 Claus-Peter Lieckfeld/Nick Brandt: *Wie viel Mensch steckt im Tier?*, in: GEO, Heft 04/2013.

10 Donald R. Griffin: *Wie Tiere denken. Ein Vorstoß ins Bewusstsein der Tiere*. München, 1990.

Begriffe wie Kognition (gemeint sind Wahrnehmungs- und Erkenntnisprozesse) und Emotion waren in Zusammenhang mit Tieren bis vor nicht allzu langer Zeit absolut tabu. Zu einem großen Teil beruht dies auf René Descartes, dem Philosophen, Mathematiker und Naturwissenschaftler des 17. Jahrhunderts, der als eine Schlüsselfigur in der Entwicklung des mechanistischen Weltbildes anzusehen ist. Mit seinem Satz »Ich denke, also bin ich« hat er unsere Neuzeit und speziell unseren Umgang mit Tieren maßgeblich beeinflusst. Er sprach den Tieren neben dem Fühlen und Empfinden auch die Fähigkeit zum Denken vollständig ab. Descartes begründete dies in erster Linie mit ihrem fehlenden Sprachvermögen. Er gestand ihnen deshalb auch keine eigene Persönlichkeit zu. Tiere waren für ihn Gegenstände. Sehr zum Leidwesen unserer Mitgeschöpfe wirkte sich diese Auffassung noch bis vor wenigen Jahren in der deutschen Gesetzgebung und Rechtsprechung aus.

Vierhundert Jahre nach Descartes sind sich die meisten Forscher zwar darüber einig, dass Tiere fühlende Lebewesen sind, aber leider gibt es auch heute noch Wissenschaftler, die bezweifeln, dass Tiere in der Lage sind, Denkleistungen zu erbringen. Sie argumentieren ähnlich wie Descartes mit dem fehlenden Sprachvermögen der Tiere.

Aus ethischer Sicht geht es in dieser Diskussion weniger um die Richtigkeit einer wissenschaftlichen These, sondern vielmehr um deren Auswirkungen auf den menschlichen Geist. Der Zweifel an der

Denkfähigkeit und Intelligenz der Tiere hat nämlich in unseren Köpfen Denkmuster erzeugt, die uns viel zu oft mit einer erschreckenden Selbstverständlichkeit erlauben, die Würde der Tiere und ihr Recht auf eine angemessene Behandlung zu missachten. Es sollte in der heutigen Zeit Anliegen der Wissenschaftler werden, diese fehlerhafte Geisteshaltung zu korrigieren.

Die Forschungsergebnisse der modernen Biologie helfen uns immer mehr zu verstehen, dass die Übergänge zwischen Mensch und Tier nicht starr, sondern fließend sind. Wir argumentieren oft viel zu schnell mit der Vernunft und der Moralfähigkeit des Menschen. Den Wissenschaftlern steht jedoch immer mehr detailliertes Datenmaterial zur Verfügung, das überzeugend belegt, dass viele Tierarten nicht nur über ein hohes Maß an Intelligenz, sondern auch über ein ausgesprochen breites Repertoire an sozialen Verhaltensweisen verfügen. Die Geschichte des Gorillaweibchens Binti Jua aus dem Brookfield Zoo von Chicago ist ein sehr eindrückliches Beispiel dafür, welches Ausmaß an emotionaler Intelligenz ein Menschenaffe entwickeln kann: Ein dreijähriger Junge war in das Affengehege gefallen und dort bewusstlos liegen geblieben. Das Gorillaweibchen, das ihr eigenes Junges, Koola, auf dem Rücken trug, hob den kleinen Jungen auf und legte ihn behutsam vor die Tür, durch die üblicherweise der Wärter in das Gehege kam. Kritische Wissenschaftler haben dieses Verhalten allerdings nicht als eine die Artgrenzen überschreitende Empathie gedeutet, sondern als ein Resultat ihrer Erfahrungen in Gefangenschaft. Binti Jua war von den Tierpflegern mit der Flasche aufgezogen worden. Nicht ihre eigene Mutter, sondern Menschen hatten ihr beigebracht, wie sich eine Gorillamutter verhält. Man hat Binti Jua anhand einer Puppe dazu aufgefordert, ihr »Baby« zum Zoopersonal zu bringen. Selbst wenn diese Fachleute mit ihren Vermutungen Recht behalten sollten, zeugt das Verhalten des Gorillaweibchens dennoch von einer außerordentlichen Intelligenz und einer bemerkenswert hohen Sozialkompetenz.

Man findet nach dem heutigen Stand der Forschung immer mehr Beweise für moralisches Verhalten bei Primaten (vor allem bei Menschenaffen, aber auch bei anderen Affenarten), bei in Rudeln lebenden Fleischfressern (bisher wurden Wölfe, Kojoten und Hyänen besonders gut untersucht), bei Meeressäugern (Delfine und Wale), bei Elefanten und einigen Nagetieren (Ratten und Mäuse). Die Forscher sind sich sicher, dass in den kommenden Jahren mit den Untersuchungen weiterer Arten diese Liste länger wird.

Der Evolutionsbiologe Marc Bekoff und die Professorin für Bioethik Jessica Pierce gehen davon aus, dass es keine moralische Kluft zwischen Mensch und Tier gibt.[11] Die Unterschiede sind eher quanti-

---

11 Marc Bekoff/Jessica Pierce: *Vom Mitgefühl der Tiere. Verliebte Eisbären, gerechte Wölfe und trauernde Elefanten*. Stuttgart, 2011.

tativer denn qualitativer Art. Inzwischen gibt es auch viele Hinweise dafür, dass sogar Fische über Merkmale sozialer Intelligenz verfügen, zum Beispiel Strategien der Täuschung, Manipulation oder Versöhnung.

Lange Zeit galt das Wissen um die eigene Identität als Hauptmerkmal menschlichen Bewusstseins. Doch den Untersuchungsergebnissen kognitiver Ethologen, die das Verhalten der Tiere erforschen, zufolge ist dieser Maßstab nicht länger haltbar. Die Wissenschaftler konnten nachweisen, dass einige Tierarten durchaus über Ich-Erkenntnis verfügen. Das Wissen um die eigenen Gedanken und Bedürfnisse bezeichnet man im Fachjargon als Theory of Mind (ToM). Bei Kindern entwickelt sich dieses Bewusstsein zwischen dem dritten und vierten Lebensjahr.

Das Erkennen des eigenen Spiegelbildes, fachsprachlich Mirror Self-Recognition (MSR), ist ein unabdingbarer Bestandteil von ToM. Die Fähigkeit, sich selbst im Spiegel zu erkennen, tritt bei Kindern zwischen dem fünfzehnten und achtzehnten Lebensmonat auf. Wissenschaftler setzen MSR auch für artübergreifende Studien zur Abklärung der Ich-Erkenntnis ein. Eine Bestätigung für MSR gibt es inzwischen für Schimpansen, Orang-Utans, Bonobos und Gorillas – bei Letzteren jedoch nur, wenn sie zuvor jahrelang in menschlicher Obhut waren. Außerdem konnte man MSR bei Delfinen, Killerwalen und beim asiatischen und afrikanischen Elefanten nachweisen.

Der Verhaltensforscher Immanuel Birmelin beschreibt sogar einen entsprechenden Test mit einer Elster, der positiv verlief.[12] Man kennt allerdings bis heute keinen Hund, keine Katze und übrigens auch kein Pferd, die sich selbst im Spiegel identifiziert haben.

Der Test verläuft in vier Stadien, die einen längeren Zeitraum in Anspruch nehmen können: Zunächst reagiert das Tier auf den Spiegel, als verkörpere dieser einen Artgenossen. Als Nächstes wird der Spiegel von dem Tier genau untersucht, auch dessen Rückseite. Das Tier ist dabei offensichtlich auf der Suche nach dem fiktiven Artgenossen. In der dritten Phase wendet es sich wieder dem Spiegelbild zu und vergleicht eigene Körperbewegungen mit dem seines Spiegelbildes. In der vierten Phase zeigt es ein sogenanntes selbstgerichtetes Verhalten, das heißt, es benutzt den Spiegel, um Körperteile zu inspizieren, die es ohne den Spiegel nicht in den Blick nehmen könnte. Eine deutliche Bestätigung für MSR ist der abschließende Farbtest, bei dem meist im Gesicht des Tieres ein Farbtupfer aufgebracht wird. Greift es dann an die gefärbte Stelle in seinem Gesicht und nicht auf sein Spiegelbild, so kann dies als ein sicheres Zeichen für Ich-Erkenntnis gedeutet werden.[13]

---

12 Immanuel Birmelin: *Tierisch intelligent. Von schlauen Katzen und sprechenden Affen*. Stuttgart, 2011.
13 Sally Boysen: *Die klügsten Tiere der Welt. Verblüffende Ergebnisse der Verhaltensforschung*. München, 2009.

Im Sinne von C.G. Jung muss man sich freilich fragen, in welcher Form und Ausprägung dieses »Ich bin« in das Bewusstsein der Tiere tritt. Das Maß an Intelligenz, das wir einem Tier zubilligen, darf aber niemals ein Gradmesser dafür werden, wie wir mit ihm umgehen. Immanuel Birmelin, der ein außerordentlich großes Herz für Tiere hat, findet für diesen Sachverhalt in seinem Buch *Tierisch intelligent* die passenden Worte: »Vermutlich ist es den Tieren gleichgültig, ob wir ihnen die Attribute klug, schlau oder intelligent zuordnen. Für sie ist es wichtig, dass wir sie mit Respekt und Einfühlungsvermögen behandeln und ihnen die Rechte zubilligen, die sie als Bewohner dieses Planeten haben. Denn jeder von ihnen gibt wie wir nur ein kurzes Gastspiel auf dieser Erde. Von ihnen bleiben die gleichen Moleküle und Atome übrig wie von uns.«

Wenn ein Haustier krank wird

Ähnlich wie einem Kleinkind bis zum Alter von drei bis vier Jahren fehlt auch einem Haustier das Wissen um die eigene Identität. Man darf deshalb davon ausgehen, dass es ein ähnlich offenes Wesen hat wie ein Kleinkind oder Baby. Der Neurowissenschaftler Marc D. Hauser weist wohl deshalb auch darauf hin, dass für die Untersuchung des Denkvermögens der Tiere der am meisten lohnende Vergleich der zwischen Kleinkind und Tier ist.[14] Daraus folgt, dass ein Haustier sich seinem Besitzer gegenüber auf eine ähnliche Art und Weise verbunden fühlen dürfte wie ein Kleinkind seiner Mutter. Beide nehmen vermutlich die Gedanken und Gefühle des sie versorgenden Menschen in großer Offenheit und Durchlässigkeit wahr. Daran können wir uns, die wir ja auch einmal Baby waren, jedoch nicht mehr erinnern.

Ich habe eingangs bereits darauf hingewiesen, dass Emotionen und Gedanken zwar nicht so fassbar wie materielle Gegenstände sind, aber dennoch Energie besitzen, das heißt, sie haben Informationsgehalt. Die Informationen werden durch Schwingung vom Tierhalter auf das Haustier übertragen. Falls sich bestimmte Inhalte über einen längeren Zeitraum ständig wiederholen – was zum Beispiel in einer Lebenskrise der Fall ist –, baut sich energetisch eine sehr starke und in einem Krisenfall auch sehr belastende »Ladung« auf, die zu einer körperlichen Reaktion beim Haustier führen kann. Es findet dann eine Transformation statt, bei der aus einer geistigen, mentalen Form, das heißt den negativen Gefühlen und Gedanken des Tierhalters, eine materiell sichtbare Form, das Krankheitssymptom des Tieres, entsteht. Aus psychosomatischer Sicht geht jeder manifest gewordenen Krankheit eine derartige Um-

---

14 Marc D. Hauser: *Wilde Intelligenz. Was Tiere wirklich denken.* München, 2001.

wandlung voraus. Konkret heißt das: Ein Haustier lebt mit einem Tierhalter zusammen, der eine persönliche Krise durchlebt, zum Beispiel Existenznot, Beziehungsprobleme, Mobbing, Krankheit, Tod eines Angehörigen. Das Tier spürt den Kummer und die Sorgen seines Besitzers und nimmt die entsprechenden Gefühle aufgrund seiner fehlenden Ich-Grenzen teilweise oder vielleicht sogar vollständig als seine eigenen wahr. Abhängig von Art, Intensität und Dauer der belastenden Situation kann das Tier dann sehr schnell oder auch zeitverzögert eine Krankheit entwickeln, die, psychosomatisch betrachtet, vor allem den unbewussten Geistes- und Gemütszustand des Tierhalters widerspiegelt.

In diesem Zusammenhang sei noch kurz die Domestikation von Tieren erwähnt: Die Haustiere gehen bereits seit Jahrtausenden soziale Bindungen mit uns Menschen ein, die unwiderrufliche Spuren hinterlassen haben. Man vermutet – basierend auf der Analyse der mitochondrialen DNA (mtDNA-Test), mit deren Hilfe die Urahnen der mütterlichen Seite ermittelt werden –, dass die erste Domestikation eines Wolfes rund einhunderttausend und mehr Jahre zurückliegen könnte. Katzen wurden erst sehr viel später, vermutlich vor etwa fünftausend Jahren, domestiziert. Der Bund zwischen Mensch und Haustier hat sich also über eine sehr lange Zeitspanne hinweg entwickelt. Die intensive Beziehung, die daraus hervorgegangen ist, zeigt sich in meinen Fallbeispielen von einer besonderen Seite.

Folgende Geschichte, die ein Hundebesitzer Rupert Sheldrake *(Der siebte Sinn der Tiere)* erzählt hat, berichtet von einer tiefen Mensch-Tier-Freundschaft: »Mein Schwiegervater hatte einen kleinen Bauernhof, und dort hielt er einen Wachhund namens Sultan. Eines Tages wurde mein Schwiegervater krank und mit der Ambulanz ins Krankenhaus gebracht. Ein paar Tage später starb er, und dann wurde er auf dem örtlichen Friedhof begraben, fünf Kilometer vom Bauernhof entfernt. Mehrere Wochen nach der Beerdigung war der Hund tagelang verschwunden. Das kam uns merkwürdig vor, da Sultan früher nie herumstreunte. Aber wir machten uns nicht viel daraus, bis eines Sonntags eine ehemalige Angestellte vorbeikam, die in der Nähe des Friedhofs wohnte. Sie erzählte uns: ›Stellen Sie sich vor, als ich neulich über den Friedhof ging, lag Sultan an Ihrem Familiengrab.‹ Es ist mir ein Rätsel, wie er den Weg über diese insgesamt fünf Kilometer gefunden hatte. Es gab keine Fußabdrücke seines früheren Herrn, denen er folgen konnte. Und er war nie zum Friedhof mitgenommen worden, nicht einmal auf die Felder, da er das Haus bewachen sollte. Wie ist es möglich, dass er das Grab seines Herrn finden konnte?‹«

Rupert Sheldrake hat dieser Geschichte noch Folgendes hinzugefügt: »Vermutlich hatten Familienangehörige das Grab besucht und konnten dort vielleicht Duftspuren hinterlassen haben. Aber wahrscheinlich hätten sie solche Duftspuren auch an vielen anderen Plätzen hinterlassen. Falls Sultan ihnen gefolgt war, wieso ging er dann gerade zum Friedhof, und wie konnte er gewusst haben, dass Leichname in Gräbern beerdigt werden? Warum sollten trauernde Hunde sich überhaupt zu den Gräbern ihrer Besitzer hingezogen fühlen? Anscheinend gibt es nur einen möglichen Grund: Die Verbundenheit mit ihrem Menschen besteht auch nach dessen Tod weiter und konzentriert sich noch immer auf den Körper des Besitzers.«

Es weiß tatsächlich kein Mensch, wie es Sultan möglich war, das Grab seines Herrchens ausfindig zu machen. Egal welchen Namen man dem »Informationsspeicher« gibt – sei es morphisches Feld, kollektives Gedächtnis, Einheitsbewusstsein, reines Bewusstsein oder Intuition –, der Auslöser für dieses Verhalten wird die Liebe zwischen dem Hund und seinem Herrchen gewesen sein.

Das bedingungslose Zu-seinem-Versorger-Stehen, diese für unseren Verstand oft nicht mehr nachvollziehbare Treue, die Bereitschaft, alle Wege, auch die von Krankheit und Tod, mit dem anderen zu gehen, all diese Qualitäten erinnern mich an jene Liebe, mit der ich vor mehr als zehn Jahren kurz in Berührung kam. Für mich ist deshalb auch der Gedanke, dass unsere Haustiere in irgendeiner Form noch mit dem Urgrund in Verbindung stehen, keineswegs abwegig. Ihnen fehlt ja jenes Ich-Bewusstsein, das uns Menschen vom Urgrund trennt.

Wie sehr das Wesen der Tiere das Herz des Menschen berühren kann, habe ich in meinem Praxisalltag vor allem dann erlebt, wenn ein Tier eingeschläfert werden musste. Ich konnte mir die vielen Tränen, die dabei geweint wurden, immer nur damit erklären, dass die Menschen spürten, einen Freund und treuen Begleiter verloren zu haben, der all ihre Irrwege wie Umwege vorbehaltlos mitgegangen war.

Es gibt inzwischen viele Tierhalter, denen meine Beobachtungen und deren Interpretation durchaus plausibel erscheinen. Vielfach fühlen sich meine Patientenbesitzer sogar in ihrer eigenen Wahrnehmung bestätigt. Andere wiederum lehnen derlei Gedankengänge vehement ab. Bei diesen Tierhaltern scheint ein Abwehrmechanismus in Gang zu kommen, den ich noch gern näher betrachten möchte.

C. G. Jung sagt, dass der Körper ein sehr zweifelhafter Freund sei, denn er bringe Dinge zum Vorschein, die wir gar nicht schätzten, manchmal auch einen dunklen Punkt, den man natürlich gern loswerden möchte. Und es gebe zu vieles, was den Körper treffe, worüber man nicht sprechen könne. Häufig handele es sich um die Verkörperung des Ich-Schattens.[15] Unter Ich-Schatten versteht Jung jene negativen, sozial unerwünschten und daher unterdrückten Züge der Persönlichkeit, also jenen Teil des Ich, der in das Unbewusste abgeschoben wird. Nach seiner Ansicht beginnt die Entwicklung von Schatten be-

15 C. G. Jung.: *Das symbolische Leben. Gesammelte Werke*, Bd. 18, 1. Olten, 1981.

reits in den ersten Lebensjahren des Menschen, und zwar als Reaktion auf die von der Umwelt an das Individuum herangetragenen Anforderungen, Erwartungen, Ge- und Verbote. Diese lassen nur einen Teil der Persönlichkeit zur Entwicklung kommen. Zunächst wird der eigene Schatten negiert oder auf Personen und Objekte außerhalb des eigenen Ich projiziert. Die Auseinandersetzung mit dem eigenen Schatten, seine Integration in die Gesamtpersönlichkeit, zählt nach Jung jedoch zu den zentralen Aufgaben des menschlichen Reifungsprozesses, und er stellt einen zwingend notwendigen Schritt auf dem Weg zur Individuation (Ganzwerdung) dar.

Wir verdrängen in unserem Alltag, im täglichen Miteinander, allerdings fortwährend unsere Schattenthemen. Der physische Körper wird dann zur Bühne, um diese tabuisierten und bedrohlichen Inhalte und Vorstellungen darzustellen. Wie an den Fallgeschichten deutlich wurde, kann auch das eigene Haustier diese Funktion übernehmen. Dabei dürfte es kein Haustierbesitzer wollen, dass sein Hund oder seine Katze die Konsequenzen für seine persönlichen Verdrängungsversuche trägt.

Wenn ich den Tierhalter auf die Zusammenhänge zwischen ihm und seinem erkrankten Tier aufmerksam mache, tendiert dieser oft dazu, sich schuldig zu fühlen. Es ist mir aber außerordentlich wichtig klarzustellen, dass es in keiner Weise um Schuldzuweisungen geht, sondern ausschließlich um einen Bewusstwerdungsprozess. Einsichten zu gewinnen und sich der Zusammenhänge gewahr zu werden, beides soll sowohl dem Tierhalter als auch seinem Tier dienen. Es ist mir außerdem ein sehr großes Anliegen, dass der Tierhalter verstehen kann, dass Verdrängung ein natürlicher Schutz- und Konfliktbewältigungsmechanismus ist, ohne den wir oftmals Schicksalhaftes und Lebenskrisen nicht bewältigen könnten. Verdrängung gehört zum Menschsein. Die Bewusstmachung und Integration des Verdrängten aber sind sinnvolle Schritte persönlicher Entwicklung.

Obwohl wir uns bemühen, die Dinge, die uns belasten, zu verdrängen, zeigt uns doch das Leben, dass dies nur begrenzt möglich ist. Was wir von uns weisen, kommt irgendwann wieder auf uns zurück, da grundsätzlich nichts von uns getrennt ist. Der Vorsokratiker Heraklit, einer der frühesten griechischen Philosophen, wusste um diese Vorgänge. Er wies darauf hin, dass wir in den Dingen, die uns in Gestalt von Menschen, Tieren oder Pflanzen umgeben, der Wahrheit begegnen können. Er empfiehlt uns deshalb, auf die Dinge zu »hören« und sie zu uns sprechen zu lassen.

Das Haustier verfolgt mit seiner Erkrankung mit Sicherheit keine konkrete Absicht, denn das würde Ich-Bewusstheit voraussetzen. Das Tier, das wie der Mensch Teil der Schöpfung ist und damit Teil der Einheit, wird lediglich zum Spiegelbild für seinen Besitzer. Dieser kann sich in der psychosomatischen Deutung des Krankheitsbildes seines Haustieres seinen eigenen verdrängten Schatten vor Augen führen und sich mit ihm auseinandersetzen. Dieser Vorgang, der sich zwischen Tierhalter und seinem Haustier abspielt, ist in gewisser Weise auch auf die Menschheit und das Ökosystem übertragbar.

Verantwortung übernehmen

Die Fallgeschichten dieses Buches mögen als Anstoß dienen, weiterzudenken und sich auch der politisch-ökonomischen Zusammenhänge speziell zum Thema Tierhaltung bewusst zu werden. Inzwischen dürften viele Menschen ahnen, dass ihr Denken und Handeln globale Auswirkungen hat. Ein verantwortungsvoller Mensch weiß um die einzigartige Bedeutung einer jeden Tier- und Pflanzenart. Er würdigt das Leben einer jeden Kreatur und bringt auch der scheinbar unbelebten Natur Hochachtung und Ehrfurcht entgegen; er kann die großen Zusammenhänge nachvollziehen und greift deshalb nur harmonisierend in das fragile Ökosystem ein.

Vor allem Tiere sind darauf angewiesen, dass wir uns dieser Verantwortung stellen. Nur ein global denkender Mensch, dessen Denken und Handeln von Achtsamkeit für die Einheit allen Seins erfüllt ist, kann ihre Existenz sichern und ihre Not lindern.

Ein solcher Mensch erkennt zudem demütig an, dass er die Wahrheit immer nur in Teilaspekten erfassen kann, und er lässt die Hybris, etwas Besonderes zu sein, hinter sich.

Vor diesem Hintergrund sei an den Dienst der Nutztiere für uns Menschen erinnert. Zu den Nutztieren zählen insbesondere Rinder, Schweine, Schafe, Ziegen, Kaninchen und Geflügel, ferner Fische und Bienen sowie Pelztiere. Diese Tiere sind in den letzten fünfzig Jahren einem unnatürlich hohen Leistungsdruck unterworfen, der ihnen extrem zusetzt. Unsere moderne Nutztierhaltung offenbart zugleich die Abgründe unserer leistungsorientierten Gesellschaft, der auch die Menschen zum Opfer fallen.

Die Zucht, Aufzucht und Haltung landwirtschaftlicher Nutztiere wurde ab den sechziger und siebziger Jahren des letzten Jahrhunderts immer mehr industrialisiert. Aus den landwirtschaftlichen Kleinbetrieben entwickelten sich zusehends groß angelegte Wirtschaftsunternehmen, die auf Ökonomisierung, Gewinnmaximierung und Wettbewerbsfähigkeit ausgerichtet sind. Viele Kleinbetriebe blieben dabei auf der Strecke. In der Intensivtierhaltung geht es an erster Stelle um die Produktionsleistung und nicht um das Wohl der Tiere. Man bedenke nur, was es bedeutet, wenn sich in Deutschland die Milchleistung einer Kuh zwischen 1950 und 2011 mehr als verdoppelt und die Legeleistung einer Henne in den letzten fünfzig Jahren sogar verdreifacht hat.

In der Europäischen Union subventionieren die Förderprogramme in der Regel landwirtschaftliche Großbetriebe. Der ökologischen Landwirtschaft kommt nur ein zu vernachlässigender Anteil der Agrarförderung zu. Und die EU-Richtlinien sind in etlichen Punkten nicht mehr mit dem Tierschutzgesetz vereinbar. Tierhaltung wird aber dann problematisch und zu einer Frage von Moral und Ethik, wenn die Anpassungsfähigkeit der betroffenen Tiere überfordert wird, anders gesagt, wenn man sie ausbeutet. Vor allem Rinder, Schweine und Geflügel werden auf immer höhere Gewinne hin gezüchtet und genetisch manipuliert. Man spricht heute nicht umsonst von Tierproduktion.

Die betroffenen Tiere sind vielschichtigen Belastungen ausgesetzt. So ist zum Beispiel der Lebensraum vielfach auf ein Minimum beschränkt. Es erlaubt den Tieren oft nur das Aufstehen und Hinlegen, aber schon nicht mehr das Umdrehen; dies betrifft zum Beispiel die Schweineaufzucht. Das Leben der Tiere wird meist nur auf die Nahrungsaufnahme reduziert, ohne ihre Empfindungen zu berücksichtigen. Die Tiere vegetieren stupide vor sich hin; sie können nichts erkunden und nichts erleben; ihre Sinne finden keine Anregung. Sie werden außerdem in Stallungen gehalten, die viel zu oft eine zu hohe Schadstoffbelastung der Luft aufweisen. Als Studenten besuchten wir einmal einen Legehennenbetrieb mit Bodenhaltung. Wir konnten uns wegen der extrem hohen Ammoniakbelastung nur kurze Zeit in dem Stall aufhalten. Wir bekamen massive Atemprobleme. Die Tiere standen auf einer etwa einen halben Meter hohen Schicht Mist. Zwischen den frei herumlaufenden Hühnern lagen mehrere tote Tiere mit ausgerupften Federn.

Aus der Einschränkung oder gar völligen Unterdrückung artspezifischer Verhaltensweisen im Zuge der Massentierhaltung entsteht Leiden, das die Tiere oft zu Kompensationsreaktionen veranlasst, was wiederum zu Verletzungen führt. Man versucht diese dann durch prophylaktische Maßnahmen wie zum Beispiel das Kupieren gefährdender oder gefährdeter Körperteile, wie Schnabel oder Schwanzspitze, in Schach zu halten. Den Kälbern werden routinemäßig die Hornanlagen zerstört.

Melanie Joy, Professorin für Psychologie und Soziologie aus den USA, gibt zu bedenken, dass die eigentliche Not jener Tiere, deren Fleisch oder deren Produkte wir konsumieren, darin besteht, dass der Mensch nichts mehr für diese Arten empfinden kann. Die einzige Existenzberechtigung, die sie haben, ist die, den Menschen zu nutzen. Deshalb haben sie auch kaum Fürsprecher.[16]

Es wurde schon unendlich viel über die Missstände in der Nutztierhaltung berichtet, doch kein einziges Wort wird die Not der Tiere lindern und die Missstände beheben. Etwas ändern kann sich, wenn Ver-

16 Melanie Joy: *Warum wir Hunde lieben, Schweine essen und Kühe anziehen, Karnismus – Eine Einführung*. Münster, 2013.

braucher bereit sind, die Mehrkosten für eine tiergerechte Haltung mit zu übernehmen oder zumindest weniger Ware aus Massentierhaltung zu kaufen. Damit würden sie zusätzlich auch der eigenen Gesundheit dienen. Noch konsequenter wäre die vegane Ernährungsweise, deren Vorzüge Ruediger Dahlke in seinem Buch *Peace Food* vorstellt. Helfen kann unseren Mitgeschöpfen ein verantwortungsbewusstes Konsumverhalten, getragen vom Mitgefühl für alle Lebewesen und speziell vom Wissen um das seelische Band zwischen Mensch und Tier.

Anhang

Veröffentlichungen von Ruediger Dahlke

(in Auswahl)

Krankheitsdeutung und Heilung

Krankheit als Symbol (22., völlig überarbeitete und ergänzte Auflage). C. Bertelsmann, 2014 • *Krankheit als Chance*. GU, 2014 • *Endlich wieder richtig schlafen*. Arkana, 2014 • *Angstfrei leben*. Goldmann, 2013 • *Schattenreise ins Licht*. Goldmann, 2014 • *Seeleninfarkt. Zwischen Burn-out und Bore-out*. Goldmann, 2013 • *Burnout? Schnelltest & Erste Hilfe*. Integral, 2012 • *Krankheit als Sprache der Seele*. Goldmann, 2008 • *Krankheit als Weg* (mit Thorwald Dethlefsen). Goldmann, 2000 • *Frauen-Heil-Kunde* (mit Margit Dahlke und Volker Zahn). Goldmann, 2003 • *Aggression als Chance*. Goldmann, 2006 • *Krankheit als Sprache der Kinderseele* (mit Vera Kaesemann). Goldmann, 2010 • *Herz(ens)probleme*. Goldmann, 2011 • *Das Raucherbuch*. Goldmann, 2011 • *Verdauungsprobleme* (mit Robert Hößl). Knaur, 2001.

Weitere Deutungsbücher

Lebenskrisen als Entwicklungschancen. Goldmann, 2002 • *Das Buch der Widerstände*. Arkana, 2014 • *Die Spuren der Seele* (mit Rita Fasel). GU, 2010 • *Der Körper als*

Spiegel der Seele. 2009 (www.heilkundeinstitut.at) • *Woran krankt die Welt?* Goldmann, 2009 • *Die Psychologie des Geldes*. Goldmann, 2011.

Gesundheit und Ernährung
Das Geheimnis der Lebensenergie in unserer Nahrung. Arkana, 2015 • *Peace Food*. GU, 2011 • *Veganize your Life* (mit Renato Pichler). Riemann, 2015 • *Peace Food – Vegan einfach schnell*. GU, 2015 • *Peace Food – Das vegane Kochbuch*. GU, 2013 • *Vegan für Einsteiger*. GU, 2014 • *Peace-Food – Vegano Italiano*. GU, 2014 • *Bewusst Fasten*. Urania, 2015 • *Richtig essen* (www.heilkunde-institut.at).

Grundlagenwerke
Die Schicksalsgesetze. Arkana, 2009 • *Das Schatten-Prinzip*. Arkana, 2010 • *Die Lebensprinzipien* (mit Margit Dahlke). Arkana, 2011 • *Vier Seiten der Medaille* (mit Christoph Hornik). Arkana, 2015.

Adressen

Informationen zu Seminaren, Ausbildungen, Trainings, Vorträgen
Heilkundeinstitut Dahlke GmbH & Co. KG
Oberberg 92, A-8151 Hitzendorf
Tel. 0043-316-719 888-5, Fax 0043-316-719 888-6
Internet: www.dahlke.at; E-Mail: info@dahlke.at

Seminar- und Gesundheits-Zentrum TamanGa
Fasten-Wochen und Seminare mit Ruediger Dahlke
Labitschberg 4, A-8462 Gamlitz
Tel. 0043-316-719 888-5
Internet: www.taman-ga.at

Informationen zur Arbeit von Ruediger Dahlke
www.dahlke.at
Dahlke-Seminar-Zentrum: www.taman-ga.at
Webshop: www.heilkundeinstitut.at

Informationen zur Arbeit von Irmgard Baumgartner
www.tierarzt-homoeopathie-augsburg.de
E-Mail: irmgard_baumgartner@t-online.de